超声压电驱动技术及其在智能安全系统中的应用

唐玉娟 杨 忠 孙 栋 著

机械工业出版社

超声压电驱动器是基于压电材料的逆压电效应设计而成的新概念电-机能量转换装置,具有体积小、重量轻、结构紧凑、响应快、噪声低、位置分辨率高、无电磁干扰等优点。本书以机电引信为背景,研究以超声压电驱动器作为解除保险执行机构的引信安全系统。根据引信安全系统的特殊结构,并结合超声压电驱动器的原理,研究适合应用在引信安全系统中的超声压电驱动器设计方案;对设计出的超声压电驱动器的结构进行模态分析和进行结构优化相关技术问题研究;研究超声压电驱动器驱动电路关键技术;研究超声压电驱动器引信解除保险距离可控以及引信无损检测的实现;分析了该引信安全系统解除保险逻辑的安全性。

　　本书适合高等院校高年级本科生、研究生或从事智能材料与结构相关研究的人员阅读。

图书在版编目(CIP)数据

超声压电驱动技术及其在智能安全系统中的应用/唐玉娟,杨忠,孙栋著. —北京:机械工业出版社,2023.7(2024.8重印)
ISBN 978-7-111-72962-4

Ⅰ.①超… Ⅱ.①唐…②杨…③孙… Ⅲ.①压电驱动器 Ⅳ.①TP333

中国国家版本馆 CIP 数据核字(2023)第 059819 号

机械工业出版社(北京市百万庄大街 22 号　邮政编码 100037)
策划编辑:吕　潇　　　　　　责任编辑:吕　潇
责任校对:肖　琳　翟天睿　　封面设计:马精明
责任印制:邓　博
北京盛通数码印刷有限公司印刷
2024 年 8 月第 1 版第 3 次印刷
169mm×239mm · 13.75 印张 · 8 插页 · 267 千字
标准书号:ISBN 978-7-111-72962-4
定价:98.00 元

电话服务　　　　　　　　　网络服务
客服电话:010-88361066　　机 工 官 网:www.cmpbook.com
　　　　　010-88379833　　机 工 官 博:weibo.com/cmp1952
　　　　　010-68326294　　金 书 网:www.golden-book.com
封底无防伪标均为盗版　机工教育服务网:www.cmpedu.com

前　言

　　超声压电驱动器是基于压电材料的逆压电效应设计而成的新概念电－机能量转换装置，具有体积小、重量轻、结构紧凑、响应快、噪声低、位置分辨率高、无电磁干扰等优点。将超声压电驱动原理应用到引信安全与解除保险装置，为引信安全系统中解除保险执行机构提供了一种新的设计思路，能够改善引信炮口安全距离特性，实现引信具有自待发状态恢复至安全状态、安全状态无损检测与识别的功能，易实现模块化，提高引信的通用性。本书系统总结了超声压电驱动的引信安全系统设计方案，包括超声压电驱动器的结构设计及引信安全与解除保险装置样机加工、建立超声压电驱动器驱动足接触模型、对样机输出性能进行测试、建立超声压电驱动器在引信环境作用下的动态特性模型、利用孤极信号识别引信环境、设计引信安全状态无损检测结构等。本书的相关成果验证了超声压电驱动原理在引信中应用的可行性，为超声压电驱动器在引信安全系统中的使用奠定了坚实的基础。

　　本书共分为11章。第1章为绪论，论述引信安全系统及超声压电驱动器的国内外研究现状；第2章为压电陶瓷性能及其参数描述；第3章为引信用双足直线型超声压电驱动器的工作机理及结构设计；第4章为双足直线型超声压电驱动器及安全与解除保险装置实验研究；第5章为引信环境对双足直线型超声压电驱动器的影响研究；第6章为引信用H形自行式超声压电驱动器的工作机理及结构设计；第7章为H形自行式超声压电驱动器及安全与解除保险装置实验研究；第8章为引信环境对H形自行式超声压电驱动器的影响研究；第9章为引信环境对旋转型超声压电驱动器的影响研究；第10章为超声压电驱动器孤极在引信环境识别中的应用研究；第11章为超声压电驱动式安全与解除保险装置的功能及逻辑安全实现。

　　本书由金陵科技学院唐玉娟、金陵科技学院杨忠及中国航空工业集团公司金城南京机电液压工程研究中心孙栋共同撰写。具体分工如下：唐玉娟负责撰写了第1章（部分）、第3章、第4章、第5章、第6章和第7章的内容；杨忠负责撰写了第1章（部分）、第2章和第11章的内容；孙栋负责撰写了第8章、第9章和第10章的内容。全书由唐玉娟统稿。本书编写过程中得到了南京理工大学王炅教授、王新杰副教授、邵东明硕士、佟雪梅硕士等人的大力帮助，在此深表谢意！

　　本书可以作为高等院校高年级本科生、研究生以及从事智能材料与结构相关研究人员的参考用书。

　　本书由于涉及的知识面广、时间紧迫、作者水平有限，书中疏漏与不当之处在所难免，欢迎广大读者批评指正、多提宝贵意见，在此致谢。

作　者

目　　录

第 1 章 绪 论

1.1 引言

从 20 世纪 80~90 年代开始，世界军事领域兴起了一场新军事变革，军事装备由机械化向信息化、智能化和一体化时代转变。作为武器系统中弹药毁伤的关键子系统——引信，是利用环境信息、目标信息或平台信息，确保弹药勤务和弹道上的安全，按预定策略对弹药实施起爆控制的装置。引信安全系统是确保引信平时勤务处理及使用时的安全而设计的，安全系统主要包括对爆炸序列的隔爆、对隔爆机构的保险和对发火控制系统的保险等。安全系统在引信中占有重要地位，根据其发展，主要包括机械式安全系统、机电式安全系统以及电子式安全系统[1]。传统机械引信的安全系统，其感受环境信息的元件与安全系统动作执行元件通常为同一个元件；由于机械机构本身固有特性的限制，很难充分利用各种环境信息，因此很难进一步提高引信的安全性。机电式安全系统，采用传感技术与微电子控制技术，将感觉环境信息的元件与动作执行元件分开；由于传感器感受环境信息的能力比机械机构要高得多，因此可探测到许多机械机构无法探测到的环境信息，使得安全系统可利用的环境信息更加丰富。电子式安全系统是引信安全系统继机械式、机电式安全系统之后的第三代安全系统[2]，电子式安全系统不含有机械运动部件，因此不需要机械隔断机构。目前电子式安全系统多用于高价值弹药（如精确制导导弹）上，我国对于引信电子式安全系统的研究已突破很多关键技术，但在武器系统上的使用较少，目前仅在个别产品上得到成功应用[3]。

近年来，由于新型作战方式的出现和对付新型目标的需求，引信的目标探测方面需求牵引明显，技术发展迅速，引信的目标探测系统得到了快速的发展。从最初的机械触发引信，到延期引信、时间引信、近炸引信，并出现了利用声、光、电、磁等各种原理、各种机制的目标探测器[4]。相比较于引信目标探测系统，引信安全系统的发展相对缓慢，目前装备的引信多是以机械式安全系统为主，且与安全系统紧密相关的执行机构并未受到太多的关注，所投入的研究经费和精力少，从近几届美国国防协会举办的引信年会发表论文来看，多数是关于对付新型目标和新型目标探测系统的研究，仅有少量关于安全系统执行机构方面的研究论文[5]。

　　机电式安全系统是应现代化武器系统对引信的高可靠性、高安全性及高性能的要求而诞生的[6]，是目前引信安全系统发展的主流。机电式安全系统动作执行元件的能量可以不是来自环境力，而是内部能源。这样就解决了利用各种较微弱或无法用来使执行元件动作的环境信息作为解除保险的起动信息，又使动作执行元件有足够的能量来完成解除保险动作的矛盾，从而大大地提高了引信的安全性及可靠性。很显然，传感探测技术与动作执行机构就成为机电式安全系统研究的两个关键技术，本书针对动作执行机构的关键技术问题开展一些论述。

　　引信的发展直接受战争的需求和科学技术的发展而推动，战争的发展对引信提出各种各样越来越高的要求，引信在不断满足这些要求中得到发展，另一方面科学技术的发展为引信满足战争要求提供了更加先进、完善和多样化的物质和技术基础[1]。引信技术发展的一个特点是其具有很好的包容性，能够紧密跟踪新技术的发展，并且积极采用各种新技术，在此基础上不断创新，形成自身的特点。新材料和新技术的采用往往会对武器性能的提高起到推进作用，从早期的无线电技术、红外毫米波技术到激光技术，以及 GPS 技术、MEMS 技术、微光机电、磁流变、形状记忆合金等新技术，充分证明了新技术和新材料的发展是引信技术发展的动力和源泉[7]。

　　超声压电驱动器（Ultrasonic Piezoelectric Actuator）也叫超声电机（Ultrasonic Motor，USM），是 20 世纪 80 年代以后逐渐发展起来的一种具有全新原理和结构的新概念电 – 机能量转换装置[8]，它的基本工作原理是利用压电材料的逆压电效应，使弹性体（定子）在超声频段产生微观机械振动（振动频率在 20kHz 以上），通过定子和转子（或动子）之间的摩擦作用，将定子的微观振动转换成转子（或动子）的宏观的单方向转动（或直线运动），它打破了由电磁效应获得转速和转矩的传统电机的概念[9-15]。与电磁电机相比，超声压电驱动器具有很多优点：设计方式灵活、结构紧凑、形式多样；响应迅速、断电自锁；低速、大力矩；不受电磁干扰，也不会产生电磁干扰；可在高低温等极端环境下运行等。超声压电驱动器独特的优点使其在很多领域都得到了应用，如图 1.1 所示。德国 PI 公司开发了基于直线型超声压电驱动器的半导体制造运动平台；日本 Canon 公司已有数十种照相机聚焦镜头应用了超声压电驱动器；美国在宇宙飞船、火星探测、运载火箭等航空航天工程中都应用了超声压电驱动器；清华大学的周铁英研制出了 1mm 圆柱式超声压电驱动器并将其成功应用在 OCT 内窥镜中[16]；南京航空航天大学精密驱动研究所将超声压电驱动器成功用于多关节机器人、核磁共振注射器和机翼颤振模型试验[17-18]。

　　基于超声压电驱动器的优点，本书针对机电式引信安全系统提出三种应用方案，为机电式引信安全系统的设计提供了一种新思路。将超声压电驱动器作为机电式引信安全与解除保险装置的执行机构，结构简单与设计方式灵活使得超声压

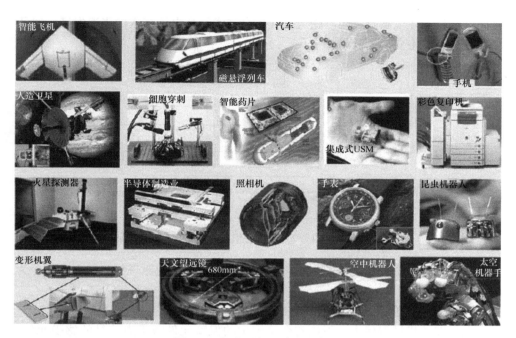

图 1.1　超声压电驱动器的应用

电驱动器适用于不同口径弹药，为其他弹载器件，如传感器、电源及控制电路等提供了更多的空间；超声压电驱动器断电自锁的特性提升了引信安全系统在待发与安全状态的可靠性；超声压电驱动器不会对弹上的控制电路产生电磁干扰，同时还可以在强电磁干扰的战场环境中保持稳定的工作状态；响应迅速的特点保证了基于超声压电驱动器的引信安全系统可以实现安全/待发状态稳定快速的转换；运动可控性使得引信延期解除保险的距离可控，且当发现攻击异常，基于超声压电驱动器的引信安全系统能够快速地由待发状态恢复至安全状态，具备安全状态可恢复功能。此外，采用超声压电驱动器的机电引信安全系统可以实现模块化，提高引信的通用性，同时也将提升超声压电驱动器应用与发展的多元化。

1.2　引信安全系统的发展概述

　　引信各组成部分如图 1.2 所示。引信安全系统涉及隔爆机构、保险机构、环境敏感装置、自炸机构等。引信的环境敏感包括对膛内环境、膛口环境、弹道环境、目标环境以及目标内部环境的敏感。常用的膛内环境有发射时产生的后坐力和线膛炮的离心力。膛口环境有磁场环境、弹头压力波环境、章动力。弹道环境有爬行力、章动力、地磁场、温度场、弯曲弹道的顶点信息等。有些引信还利用目标区或目标环境解除保险。随着现代信息技术、微电子技术的飞速发展，对环境的充分利用将变得更容易。

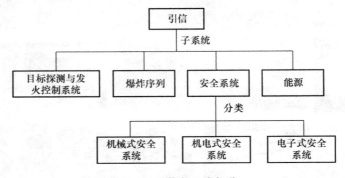

图 1.2 引信各组成部分

引信安全系统发展到目前为止，按信息利用量及作用原理划分，大致可分为以下三类[1]。

1. 机械式安全系统

在早期的机械引信中，引信安全系统中的保险元件既是力信号的感受元件，也是保险和解除保险的执行元件，其作用是利用发射过程中的惯性力，在惯性力的作用下，保险元件克服约束件的作用产生位移，释放隔爆件或解除对发火机构的约束，从而解除引信的保险。

典型的结构如引信中的后坐保险机构，如图 1.3 所示。其中保险件为质量块，约束件为弹簧，惯性力为发射时的后坐力，隔爆件为防止爆炸序列对正的引信中可移动的零（部）件。

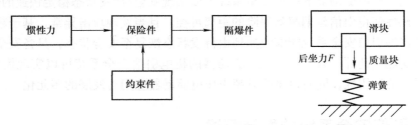

图 1.3 后坐保险机构原理

机械式安全系统中，保险结构包括惯性保险机构、双行程直线保险机构、曲折槽机构、互锁卡板机构、双自由度后坐保险机构等。采用离心保险的机械式安全系统与后坐保险机构具有相同的原理，利用弹丸高速旋转产生的离心力解除保险。

机械式安全系统中，国外大多用钟表机构实现远解，早期苏联引信中也有用延期火药实现远解。由于机械式安全系统利用的惯性力环境自身具有能量，可直接作用于保险件并驱动其按预定规律动作，因此设计简单，技术成熟，在现代引信中特别是发射过载较大的弹药引信中一直得到较好的应用，也是安全系统设计中一般优先选用的环境信息，典型的产品有 M739 引信。

2. 机电式安全系统

从 20 世纪 70 年代后期开始，随着微电子技术、新型传感器技术的发展，为引信采用新型的环境传感器获取并处理环境信息提供了技术条件，同时集成电路技术的发展使电子逻辑控制装置具有体积小、可靠性高、功耗低、成本低等一系列优点，这些都为研制机电式引信安全系统提供了技术支撑，使安全系统从机械式向机电式发展。

机电式安全系统的主要特征是环境传感器替代了机械环境敏感装置，实现对引信使用环境的探测，同时解除保险的驱动一般也采用电驱动的做功火工元件。机电式安全系统具有对环境更好的识别能力，也可具有更完善的解除保险控制逻辑与功能，通过对环境信息的识别判断后再传输给引信安全系统的执行机构。目前采用机械隔离作为引信安全的主要手段的情况下，采用机电式安全系统是实现高安全性与可靠性的有效手段。也是传统的机械安全系统改进的最佳方式。机电式安全系统的"机"主要体现在机械隔离和利用环境能源，而"电"主要表现为传感器对环境敏感、识别并输出控制信号。机电式安全系统的发展给引信的安全系统带来了根本性变化，在信息获取、处理、保险与解除保险方式和系统结构等方面形成了许多新的概念和方法。只要传感器性能允许，可以利用发射与弹道上的各种信息，信息利用率有了很大提高[19]。

早在 20 世纪 80 年代国外已将机电式安全系统装备于制式引信中，如 M934E5 引信。美国目前的多选择引信 XM762A1、MK432MOD0 也采用了机电式安全系统，如图 1.4 所示。目前该引信作为美国中大口径榴弹的通用引信已开始生产并装备部队。

图 1.4　XM762A1、MK432MOD0 引信

3. 电子式安全系统

电子安全系统是美国从 20 世纪 70 年代开始，由哈里·戴蒙德实验室和桑迪亚实验室合作研究的一种新型安全与起爆系统。它是以直列式爆炸序列为基础的新型引信安全系统，该系统爆炸序列的初级起爆元件使用高能的冲击片雷管，这种雷管没有起爆药，仅装有与引信传爆药同样稳定的猛炸药。雷管的起爆需要有数千伏和数千安的瞬间电压和电流。因为平时具有较好的安全性，所以不需要对爆炸序列进行隔离。

电子式安全系统通常由控制电路、环境信息识别、状态转换以及监控电路等部分组成。其最大特点是不存在机械构件，在隔爆对象、隔离方法以及解除保险标志等方面与传统的机械式安全系统有明显差异。主要表现在[20]：

① 爆炸序列由错位式改为直列式，雷管和导（传）爆管之间不需要隔爆；

② 火工品由含敏感药的敏感火工品改为只含钝感药剂的冲击片雷管；

③ 隔爆方法由机械隔爆件隔断爆轰传递改为电子开关切断电能传递；

④ 解除保险标志由爆炸序列对正改为电容器储存能量超过冲击片雷管最大允许安全激励规定值；

⑤ 火工品激励能量由机械能或低压电能改为高压大电流能量；

⑥ 恢复保险功能由不可恢复改为可恢复。

电子式安全系统不含有敏感的火工品，采用了冲击片雷管，只有在特殊的高电压、大电流下才能起爆，从而提高了系统安全性。另外，在起爆器和导（传）爆管之间没有活动零件，从而简化了结构设计，由于只有一个使战斗部主装药爆轰的能源通道，也提高了系统的作用可靠性。除此之外，电子安全与解除保险装置还易于检测，易于实现智能化。

由于电子安全与解除保险装置的结构特点和技术优势，其发展受到世界许多国家的关注。电子式安全系统需要三个环境传感器识别引信使用环境，目前在高价值弹药引信中有应用，例如美国陆军光纤制导导弹（FOGM）、AGM 导弹、BLU－109 钻地战斗部都配用了电子式安全系统。除美国外，英国宝石路Ⅳ新型激光制导炸弹配用的 AURORA 引信以及澳大利亚鱼雷战斗部也配用了电子安全系统，而电子式安全系统在常规弹药引信中的应用尚处于研究阶段。

1.3 国内外引信的发展趋势和特点

随着微电子技术、微机电技术、先进光电技术和信号处理技术等在引信系统中的应用，各种新技术、新概念、新功能引信得到了蓬勃发展。通过对国内外引信的发展历史和现状进行分析，总结出国内外引信的发展趋势和主要特点，这对把握引信未来的发展方向和重点十分必要。国内外引信的发展趋势和主要特点如下$^{[21-22]}$。

1. 信息化

2001 年秋，美国国防研究计划局（DARPA）的 RP. Wisner 提出在 CAISR 基础上增加终端毁伤（Kill），即提出 CAKISR 的概念。由此，引信作为 CAKISR 中的一个环节出现，意味着引信必须大幅度提高自身信息技术的含量，实现引信与武器体系其他子系统，特别是与信息平台、发射平台、运载平台和指控平台之间信息链路的联结。体现这种先进设计思想的典型例子是瑞士新一代 35mm AHEAD 防空反导弹药的感应装定引信系统。系统在设计中将复杂的测距、测速和弹道解算等功能由火控系统来完成，经数据处理后，将引信所需的时间信息采用炮口快速感应装定装置传递给引信，充分利用武器系统的信息资源，提高了武器系统整体作战效能。引信装定技术采用与火控系统信息交联化设计，发展了炮口快速动态感应装定技术、供弹链快速动态装定技术和弹道上远距离指令射频传输装定技术。

引信信息化水平的提高，不仅意味着引信需要获取更多的环境信息和目标信息以满足作战需求，更重要的是对引信功能的扩展提出了更多、更高的要求。

2. 提高抗干扰能力

日益复杂的战场环境中，利用各种物理场、各种探测原理和先进的信号处理手段，提高引信对各类目标的准确识别能力，提高引信自身战场生存能力，确保引信工作的可靠性。引信系统的抗干扰能力是衡量引信性能的重要指标，提高抗干扰能力是引信发展的永恒主题。提高引信抗干扰能力主要从两个方面着手，一是提高信号处理水平，其基础是目标特性的准确性，目前广泛采用的方法有频率捷变、随机噪声调制、软件可编程等抗干扰技术；在体制上采用性能更好的频率调制体制；在工作频段上向全波谱拓展；从能量型发展到简易成像型，从被动型发展到主动型。二是在可能的情况下，采用新的物理场（如静电场）和多模复合探测技术及信息融合、自适应等先进信号处理技术，弥补单一物理场探测的不足，提高引信对目标探测与识别的能力，并进一步提高引信抗干扰性能。

3. 提高炸点控制精度

进一步挖掘并更加充分利用各种目标信息和环境信息，使引信对目标准确识别，实现引信起爆模式和炸点的最优控制。提高炸点控制精度是引信特别是近炸引信发展的又一个永恒主题。有几层含义：是否所攻击的目标（是敌还是我，是目标还是干扰，是否易损部位）；启用何种作用方式（近炸，触发，延期）；在最有利位置起爆。

4. 微小型化

采用微机电技术、微电子集成电路技术、高能电池等手段，实现引信微小型化。引信小型化、进而微型化，可以带来一系列好处。微小型化的引信可以在小口径弹药上使用，或者在所占体积不变的情况下可以使用更多的元件、器件、部件，使引信功能更加完善。更吸引人的好处是可以节省出空间用于装药。

5. 发展多功能引信

一种引信具有多种功能，可具有触发、近炸、时间等功能。触发又可具有瞬发、长延期、短延期等；近炸可以具有炸高分档功能。如果一种引信具有多种功能，就意味着一种引信可以配多个弹种。这将会给生产、勤务、保障、使用等诸多环节带来一系列好处。

6. 功能扩展

现代引信除了具备起爆控制的基本功能外，还可以为续航发动机点火、为弹道修正机构动作提供控制信号，可以实现战场效果评估，还可与各类平台交流信息（信息平台、指控平台、武器其他子系统、引信之间）。引信信息化水平的提高是引信功能扩展的重要内容。

7. 高能量、小体积电源

现在引信用电源（原电池加管理电路）主要是化学电源和物理电源。化学电源电池主要有热电池和铅酸电池，物理电源原电池主要是发电机发电。这两种电源虽然可以满足现在引信的需要，但如果不能在小体积、高能量方面获得突破，引信的微小型化会受到严重影响。

1.4 引信解除保险执行机构的发展现状

1.4.1 传统引信解除保险机构

传统引信实现解除保险的途径有以下几种。

1. 惯性解除保险机构

惯性解除保险机构是利用弹药发射后引信零件所受的惯性力解除保险的，根据所利用的惯性力不同，可分为后坐力解除保险机构、离心力解除保险机构和后坐－离心解除保险机构。

后坐力解除保险机构是利用发射时的后坐力解除保险的，直接利用发射环境的后坐信息启动和后坐能量驱动解除保险。图 1.5 所示为苏联 M－6 式弹头引信，该引信采用了双行程直线式后坐保

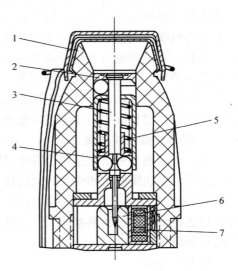

图 1.5　苏联 M－6 式弹头引信

1—引信体　2—击针帽　3—击针　4—惯性筒
5—惯性筒簧　6—雷管座　7—雷管

险机构。弹药发射时，在后坐力的作用下，惯性筒经过膛内下移到位，上钢珠滚落；出炮口后，惯性筒与击针在弹簧恢复力的作用下一起往上移动，下钢珠滚落，击针脱离雷管座；击针解除对雷管座的限制后，雷管坐在锥簧的作用下运动到位，使击针与雷管对正，此时引信处于解除保险状态。

离心力解除保险机构是利用弹丸高速旋转产生的离心力解除保险的保险机构，是一种常用的惯性解除保险机构。图 1.6 所示为典型的利用离心力解除保险的保险机构。离心子平时靠弹簧固定在保险位置，弹药发射后，当弹丸转速达到一定值时，离心子受到离心力的作用，克服弹簧的阻力，沿弹体径向运动到位，这时击针被释放，保险被解除。

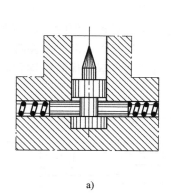
　　a)
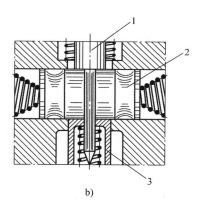
　　b)

图 1.6　螺旋簧保险的平移离心子保险机构

a) 惯性击针　b) 带反恢复装置

1—击针　2—离心子　3—反恢复套筒

后坐 - 离心解除保险机构在解除保险过程中利用后坐力与离心力同时作用达到解除保险的功能。主要形式有倾斜配置离心子、利用后坐惯性筒及离心子保险件共同作用等。

倾斜离心子后坐 - 离心解除保险机构如图 1.7 所示，由于离心子的倾斜布置，运动动力减小，后坐力 S 的分力将阻滞离心子飞开，当后坐力 S 较大时运动阻力明显增大，使离心子在膛内不能移动，确保膛内保险机构处于保险状态。当离心力 C 足够大时，其沿离心子轴向分量使得离心子获得动力上移，解除对滑块的限制。然而，这种保险机构只有在弹丸后坐过载系数较大的情况时，才能保证离心子在膛内不开始运动，从而保证弹丸的膛内安全。

2. 空气动力解除保险机构

空气动力解除保险机构是利用弹丸飞行中引信零件受到的空气动力作为解除保险原动力的保险结构。它适用于发射后坐过载小的弹丸（火箭弹、迫击炮弹）引信，或投掷式弹药（航空炸弹、子母弹子弹）引信，为了解决平时勤务处理

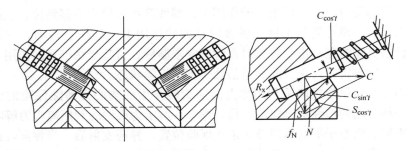

图 1.7 倾斜离心子后坐 – 离心解除保险机构

过程中的安全与发射时可靠解除保险的矛盾,可采用空气动力保险机构。按照对空气动力的利用方式可分为活塞式解除保险机构、风翼式解除保险机构和涡轮式解除保险机构。活塞式解除保险机构直接利用迎面空气压力作用解除保险,已经很少被使用在现代引信中,常用的形式为风翼式空气动力解除保险机构和涡轮式空气动力解除保险机构。

弹丸飞行时,风翼式空气动力解除保险机构的风翼在迎面气流作用下相对引信产生旋转,从而驱动解除引信的一道保险。图 1.8 所示为风翼式空气动力解除保险机构,风翼离心子机构通过风翼旋转,带动装有离心子的离心子座旋转,离心子受离心力撤出,解除引信的保险。

涡轮式空气动力解除保险机构的工作原理与风翼式解除保险机构相同,也是利用空气动力引起涡轮旋转工作的,但是涡轮式空气动力解除保险机构的体

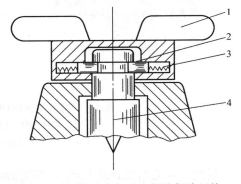

图 1.8 风翼式空气动力解除保险机构
1—风翼 2—离心子 3—离心子簧 4—击针

积小,强度高,因而对弹道影响较小,适用于高速火箭弹引信、迫击炮弹引信以及高速飞行式投掷的航空炸弹引信。

空气动力解除保险机构利用弹丸飞行中的空气压力而工作,其勤务处理安全性好,但其结构相对复杂,对外弹道性能也会产生影响。

3. 火药解除保险机构

火药解除保险机构是利用火药平行层燃烧特性而控制引信保险件撤离被保险件从而实现解除保险。这种保险机构通常利用药柱固定某保险零件,只有等延期药柱燃烧完以后,才释放保险零件,实现解除保险功能。此种机构长期贮存后,火药易变质,影响可靠性。此外,保险药柱在振动环境下容易发生碎裂,因此火

药保险机构的应用越来越少。

4. 热力解除保险机构

热力解除保险机构利用弹药作用过程中的热特性解除保险。利用的热特性可分别来自高速飞行中的气流摩擦热能和火箭弹引信火箭发动机热能，因此对应有两种保险机构。

基于气流摩擦热能的热力解除保险机构是利用气流摩擦产生的热能使某个构件熔化而释放保险。在发火机构或隔爆机构的适当部位填装易熔合金，引信在飞行中受高速气流摩擦而产生的热能使易熔合金熔化后，机构即解除保险。瑞士 36mm 高炮引信就是利用易熔合金固定击针，而击针在固定球形雷管座内。发射后，弹丸（初速 1100m/s）受高速气流的摩擦，头部温度升高，使引信上的易熔合金熔化而解除保险，如图 1.9 所示。

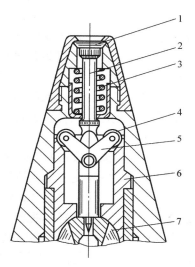

图 1.9 热力解除保险机构
1—易熔金属 2—击针 3—弹簧
4—加重子 5—铰链 6—支筒
7—球转子

设计这种保险机构时，必须注意所选择的易熔合金的熔点、弹丸的初速和引信头部结构，才能达到要求的解除保险时间。对于解除保险的时间，目前尚不能列出方程来求得，只能通过实验来确定。该保险一般用于高速飞行的小口径高炮弹药引信。

基于燃烧室热能的热力保险机构是利用火箭弹燃烧室的热能使保险机构的易熔合金熔化，或使易燃体燃烧而解除保险。其工作原理与利用气流摩擦热能的热力保险机构的弹头引信一样，只是主要应用于火箭弹的弹底引信。

5. 燃气动力解除保险机构

燃气动力解除保险机构是借助发射药气体的压力而解除保险，有活塞式和小孔式两种。活塞式是借助燃烧室火药气体的压力直接推动活塞运动而完成解除保险的动作；小孔式则是使火药气体通过引信底部的调节孔较缓慢地流入引信内的气室；当气室内的压力足以克服保险器的抗力时，机构解除保险。

气室内压力变化规律与燃烧室火药气体的压力、气室的容积以及小孔的尺寸有关。可以通过改变气室的容积、调节小孔的尺寸以及保险器的抗力来达到所需的解除保险时间。

图 1.10 所示为小孔式燃气动力解除保险机构一个示例。初始阶段，火箭燃烧室内的火药气体通过调节孔流入气筒的容气室，使气室压力达到一定值。主动

段末，燃烧室压力急剧下降，气室内的剩余气体压力破坏气筒与引信体的联接螺纹，从而使气筒脱离引信体，释放钢珠，引信解除保险。

6. 磁流变液解除保险机构

磁流变液在磁场作用下发生固化，当外加磁场撤去时，磁流变体又恢复到原来的液体状态，其时间仅为几毫秒。利用磁流变液这一特性，南京理工大学将磁流变技术应用在引信的安全保险机构中，适用于单兵作战武器、火箭，也可用于中、大口径火炮。

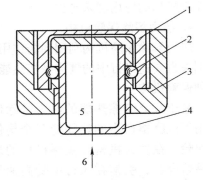

图 1.10 小孔式燃气动力解除保险机构
1—被保险零件 2—钢珠 3—引信体
4—气筒 5—气室 6—调节孔

离心式磁流变液延期解除保险机构如图 1.11 所示，其具体工作过程：平时，在磁场作用下磁流变液呈现类似固态形式，弹簧处于压缩状态，阻碍了击针的运动，泄流孔被堵住。发射时，磁钢在后坐力的作用下，切断保险销后跌落，磁流变液转变为流动性良好的液态，出炮口后，在离心力的作用下，保险机构上的活塞被甩开，打开泄流孔，在弹簧弹力及离心力的作用下，磁流变液被排出，击针上移。在击针自雷管座的盲孔拔出之前，两个离心子已释放雷管座，雷管座转正，引信处于待发状态。

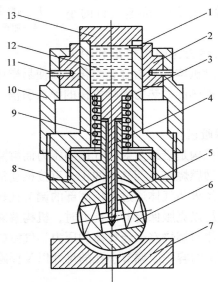

图 1.11 磁流变液延期解除保险机构示意图
1—泄流孔 2—瓦型磁钢 3—导筒 4—活塞击针 5—垂直转子 6—雷管 7—转子座
8—导向座 9—弹簧 10—保险筒 11—保险销 12—磁流变体 13—活塞

磁流变液解除保险机构正处于研究阶段，还有一些技术问题需要解决。随着材料技术的发展以及相关研究的开展，磁流变引信保险机构将会得到应用。

7. 化学解除保险机构

化学解除保险机构是利用化学作用达到解除保险的目的。图 1.12 所示为一种化学解除保险机构的例子。弹体着地时，装有化学溶剂的玻璃瓶被打碎，溶液开始溶解赛璐珞片。当赛璐珞片足够软化时，释放保险钢珠而解除保险。化学保险机构的另一种例子是利用酸来溶解金属丝，金属丝固定被保险零件如击针等。例如美国 M1 化学延期引信即采用此种机构。玻璃瓶被打碎后，化学溶液溶解金属丝，金属丝被溶解到一定程度时，就被弹簧的伸张力拉断，从而释放击针。

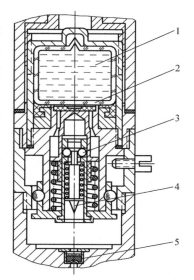

化学解除保险机构的解除保险时间与周围的温度有极大的关系，时间散布较大，只适用于对时间精度要求不高的场合。

图 1.12　化学解除保险机构
1—化学溶剂玻璃瓶　2—赛璐珞片
3—保险钢珠　4—击针　5—火帽

1.4.2　MEMS 引信解除保险机构

MEMS（Micro – Electro – Mechanical System，微机电系统）引信解除保险机构是通过 MEMS 技术加工的，由于 MEMS 加工工艺的特点，决定了 MEMS 引信解除保险机构在结构形态上与传统引信解除保险机构有不同的特点，即大多数为平面结构。很显然，基于平面结构，许多传统引信解除保险机构的形态不再适用于 MEMS 引信解除保险机构，即使有些机构的工作原理在 MEMS 机构中可以继续应用，其结构也需要进行改进，以满足加工工艺的要求。下面针对常见的几种典型 MEMS 引信解除保险机构的基本情况进行了介绍。

1. 美军 OICW 用 MEMS 引信解除保险机构

理想单兵战斗武器（Objective Individual Combat Weapon，OICW），已经由美国陆军正式命名为 XM29。美军 OICW 弹用引信解除保险机构主要由悬臂挡块、后坐滑块、命令制动器、旋转滑块等组成（如图 1.13 所示）。它具有两个独立环境解除保险功能，依靠发射环境的力将起爆器从安全位置推到解除保险的位置，安全保险失效率低于万分之一，面积约为一美分硬币面积的 38%。与传统引信相比，MEMS 引信安全保险机构体积可以做得非常小。同时它能包含传统引信的所有功能，并且能与引信电路集成在同一块模块上。

弹丸发射时，后坐滑块沿着轴向向下运动，首先解除顶部对旋转滑块的约

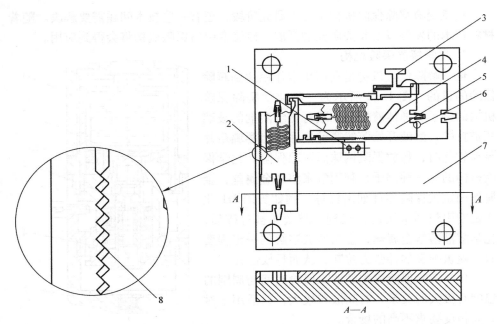

图 1.13　美军 OICW 弹用引信安全保险机构
1—悬臂挡块　2—后坐滑块　3—命令制动器　4—旋转滑块传爆药槽
5—旋转滑块　6—底板传爆药孔　7—芯片板层　8—Z 字齿形结构

束；在继续下滑的过程中，后坐滑块的侧壁的 Z 字齿形结构与滑槽壁 Z 字齿形结构发生碰撞与摩擦，通过 Z 字齿形的后坐延时特性实现引信的延期解除保险。

2. 电磁驱动 MEMS 引信解除保险机构[23]

图 1.14 所示为电磁驱动 MEMS 引信解除保险机构模型图。发射时，在后坐冲击下加速度传感器响应，发出第一解除保险信号至其中一个锁销电磁驱动器，锁销电磁驱动器接电后与锁销磁体相互作用，使该锁销从保险卡槽中退出，从而解除第一道保险；当第二环境传感器响应解除保险环境信号输入后，发出第二解除保险信号至另一锁销电磁驱动器，使另一锁销从保险卡槽中退出，此时锁销在电磁驱动器的作用下保持在与保险卡槽相脱离的位置。当引信计时电路设定的延时时间结束时，滑块电磁驱动器开始动作，它与滑块磁体相互作用使滑块运动到解除保险位置，此时锁销电磁驱动器断电，锁销在弹簧的恢复力作用下卡入滑块解除保险卡槽中，把滑块锁入解除保险位置，此时传爆药分别与输入药和输出药对正，从而最终引爆弹体主装药。

电磁驱动 MEMS 引信的主要特点是没有直接利用环境力解除保险，而是采用传感器探测解保信息，灵敏度高、解除保险环境多，解决了非旋弹第二解除保险环境难以设计的问题。

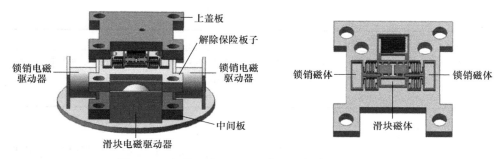

图 1.14 电磁驱动 MEMS 引信解除保险机构模型图

1.4.3 机电引信解除保险机构

机电引信解除保险机构的解除保险过程由电作动器驱动，而电作动器的动作由保险电路控制，因此不会因勤务处理中受到的各种环境力而解除保险，同时由于平时电源处于不供电状态，电作动器也就处于"无能源"状态，能显著区分勤务处理环境，除去电磁干扰因素外，不受任何弹上环境力影响，从而保证了弹药的安全。而当弹药发射后，在电路的作用下，就能解除电作动器的保险[24]。

1. 电推销器与电拔销器

传统的电作动器包括电推销器和电拔销器。电推销器和电拔销器是一种通过电发火实现机械动力驱动的火工品[25]，类似小型脉冲式火箭发动机。电作动器（电推销器或电拔销器）主要实现由电控制信号向机械运动的转变，目前在导弹引信中已经得到应用。电作动器（电推销器或电拔销器）与环境信息及控制电路相配合，就构成了引信安全和解除保险装置的电作动器（电推销器或电拔销器）保险。表 1.1 所列为目前已应用到型号中的几种小型电作动器（电推销器或电拔销器）的主要性能参数。

表 1.1 几种导弹引信用小型电作动器的主要性能

代号	类型	外形尺寸/mm	主要性能
WXD903 - 4	电推销器	$\phi 5.6 \times 9.7$	2.5mm 行程上推力大于 176.5N，总质量为 1.645g
WXD903 - 5	电推销器	$\phi 5.6 \times 9.7$	0.1mm 行程上推力大于 215.6N，0.7mm 行程上推力大于 149N，2.5mm 行程上推力大于 176.5N，总质量为 1.3g
无（804）	电推销器	$\phi 3.3 \times 13$	活塞行程为 3mm，推力不小于 9.8N，总质量为 0.5g
无（213 所）	电推销器	$\phi 3.3 \times 13$	3mm 行程，推力大于 9.8N
WXD801	电推销器	$\phi 3.4 \times 13.8$	3mm 行程，推力大于 88.9N
WXD010 - 2	电拔销器	$\phi 10.4 \times 12$	在 9.8N 侧向力作用下，通以 5A 直流电流，可靠拔销，拔销行程不小于 3mm，总质量为 5.1g

（续）

代号	类型	外形尺寸/mm	主要性能
无（804）	电拔销器	$\phi 5.6 \times 14.5$	直流充电电压 13V 的电脉冲作用下，可靠拔销，拔销行程不小于 1.4mm，总质量为 3.9g
WXD212-1	电拔销器	$\phi 14.5 \times 20.9$	1.5mm 行程，推力矩大于 3.92×10^{-2}N·m

2. 步进电机

步进电机在自动控制领域中已得到广泛应用，从大型自动控制系统到电子手表，步进电机都有应用。国外已经实现步进电机在引信中的应用，国内一些高校及研究所也对步进电机在引信中的应用展开了研究，文献［6，26-27］均采用步进电机作为引信保险机构的作动器，驱动引信中的回转体转正或是通过转换机构将步进电机的转动转换为直线运动推动滑块对正，实现引信保险机构的解除保险动作。由于引信特殊的工作环境，特别是对于高冲击过载，空间尺寸受到较大限制的引信，抗高过载能力，功率、尺寸的大小都成为步进电机能否在引信中应用所必须解决的问题。

3. 形状记忆合金

形状记忆合金驱动器就是利用形状记忆合金在形状记忆效应中输出的位移和力来对外界做功的机构。我国现已开展了形状记忆合金用于炮弹引信延期解除保险装置的研究。利用形状记忆合金对温度敏感的特性，利用电源或环境加热，当温度达到逆相变点以上时，记忆元件变形，让出空间或驱动某元件，达到解除保险的目的[28]。形状记忆合金销温控保险机构如图 1.15 所示，主要由滑块、NiTi 形状记忆合金销和弹簧等组成。常温状态下，销将滑块锁定。当温度上升到形状记忆合金的相变温度时，合金销缩短并拔出滑块孔，弹簧推动滑块运动，解除保险。

4. 电磁拔销器

电磁拔销器就是利用电磁转换原理，通过通电产生电磁力吸附保险销，保险销克服弹簧抗力向上运动，从而解除对隔爆件的锁定，达到解除保险的目的，当隔爆件运动到待发位置后，此时给电磁拔销器断电，保险销在弹簧抗力作用下重新回到保险位置，将隔爆件锁定。图 1.16 所示为电磁拔销器结构图[6]。电磁拔销器在低过载、高价值的机电引信中应用较多，但因体积较大，使得它在引信中的应用受到一定限制[29]。

5. 电热驱动器

电热驱动器主要是利用某种材料的热膨胀效应来达到致动的效果，而使结构材料产生热，主要是让电流通过电热驱动器而产生焦耳热[30-31]，如图 1.17 所示。在 MEMS 引信安全系统中常用电热驱动器实现解除保险动作。电热驱动器主要是在通电过程中，由于冷臂（宽臂）的电阻较大而热臂（窄臂）的电阻较小，因此，热臂所产生的热量较大，变形也大于冷臂，导致热臂向冷臂的方向发生弯曲，输出位移，驱动引信机构完成解除保险动作。电热驱动器一般输出位移较小，常用于 MEMS 引信安全与解除保险机构，实现解除保险过程。

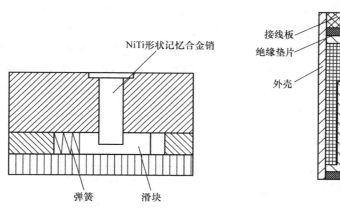

图 1.15　形状记忆合金销温控保险机构

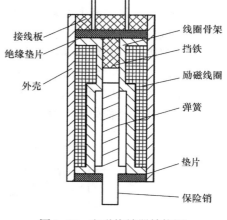

图 1.16　电磁拔销器结构图

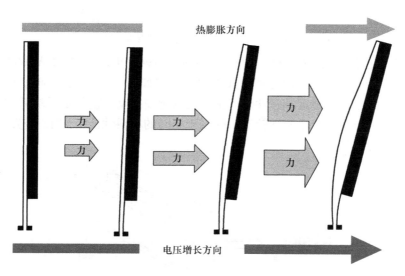

图 1.17　电热驱动器热膨胀方向

1.5 超声压电驱动器的发展与应用

1.5.1 超声压电驱动器的发展现状

超声压电驱动器（超声电机）是一种不同于传统电磁电机的新型微特电机，自20世纪70年代末诞生以来，已有大量成功范例问世。超声压电驱动器是压电陶瓷、机械振动、超精加工、摩擦学、电力电子等多学科交叉发展的结晶。其工作原理是利用压电材料的逆压电效应，激发出弹性体（定子）在超声频率范围（20kHz以上）内的微观振动，借助弹性体谐振放大，并通过定、转子（动子）之间的摩擦作用将振动转换成转子（动子）的旋转（直线）运动，输出功率，驱动负载，整个过程如图1.18所示。

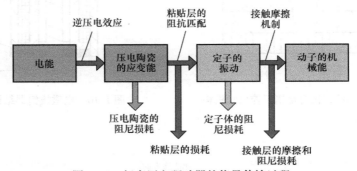

图1.18　超声压电驱动器的能量传输过程

超声压电驱动器最早的物理模型出现于1948年，英国的A. Williams和W. Brown申请了压电马达的专利，其原理结构图如图1.19所示，通过施加正交的交流电压信号，激励定子弹性体产生正交的弯曲振动，使得定子端部的运动部件在预压力的作用下产生宏观转动，受限于当时的材料性能与加工工艺，并没有加工出实际的样机[32]。

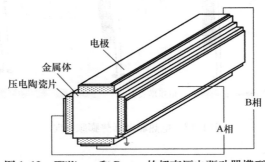

图1.19　Williams和Brown的超声压电驱动器模型

    1982 年，日本的超声电机专家 Toshiiku Sashida 在 Vasiliev 研究的基础上，设计了一种驻波型超声压电驱动器，如图 1.20 所示[33]。该驱动器以兰杰文振子为定子，最大转矩与空载转速分别为 0.25N·m 和 2000r/min，最高效率达到 55%。该驱动器首次满足了实际使用要求，但存在摩擦导致的发热与磨损失效等问题。为了解决上述问题，Sashida 于 1983 年提出了行波型超声压电驱动器，如图 1.21 所示[34]。该驱动器在定子体内产生行波，使得定子表面各个质点均产生椭圆运动，推动转子做宏观运动，极大地降低了接触面的摩擦、磨损问题，为超声压电驱动器的实用化开辟了道路。

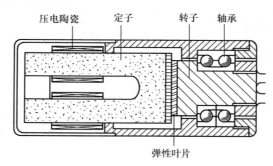

图 1.20　Sashida 设计的驻波型超声压电驱动器

    德国的 Hermann、Schinkothe 和日本的 Sashida 等人先后提出了如图 1.22 所示的超声压电驱动器，为了防止波的反射，将导轨做成封闭的环形梁，用黏结在环形梁内侧的压电陶瓷激励出环形梁表面的行波，当动子（滑块）被压在环形梁直线段上时，动子就会产生直线运动。

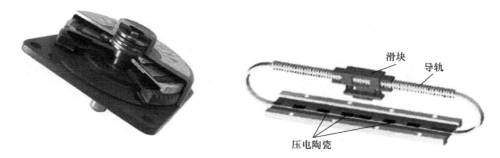

图 1.21　Sashida 设计的行波型超声压电驱动器　　图 1.22　环梁式超声压电驱动器结构形式

    以色列 Nanomotion 公司从 20 世纪 90 年代开始大量生产精密定位系统使用的直线型超声压电驱动器，如图 1.23a 所示，该驱动器原型（如图 1.23b 所示）最早是由俄罗斯科学家于 20 世纪 70 年代提出的[35]，驱动器定子端部带有一突起，定子两面各贴有四片压电陶瓷，合理布置电极对，激励出定子的一阶纵振和二阶弯振，在定子突起上耦合出质点的椭圆轨迹，通过突起与动子间的摩擦力作用，将微观振动转化为动子的宏观直线运动，这种类型超声压电驱动器结构简单，但是效率只有12%，最大输出功率为2.5W。

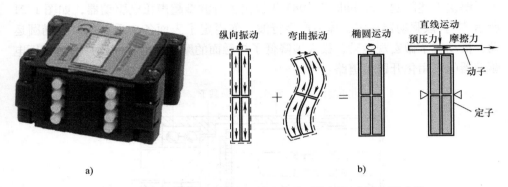

图 1.23 Nanomotion 公司生产的精密定位系统用超声压电驱动器
a）Nanomotion 公司产品 b）超声压电驱动器原型

德国 Physik Instrument（PI）公司同样开发出了基于直线型超声压电驱动器的半导体制造平台，该驱动器定子为矩形压电板，分割为两个压电分区，对其中一个分区进行激励，矩形定子产生变形，如果定子尺寸满足严格的几何关系，驱动足上产生椭圆轨迹，则可带动动子（滑条）运动，如图 1.24 所示，PI 系列的产品比上文提到的 Nanomotion 公司生产的直线型超声压电驱动器效率高，但是它是基于压电陶瓷块而工作的，定子本身脆弱易碎。

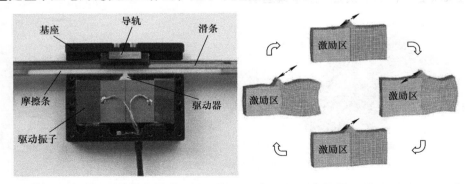

图 1.24 PI 公司产品及原型

Kurosawa 提出了一种 V 型超声压电驱动器[36]，如图 1.25 所示，结构由两个垂直布置的振子组成，使用两个压电叠堆分别激励振子，压电堆的极化方向沿振子的轴向，两个振子的连接处为定子的驱动头。两个振子上的压电堆同时接通特定的交流电压信号后，两振子分别产生沿各自轴向的伸缩振动，由于两振子垂直的位置关系，在驱动头处合成质点的椭圆轨迹，使电机动子做直线运动。此种超声压电驱动器最大输出力为 51N，最快速度为 3.5m/s，最大效率为 28%。

立陶宛 Kaunas 大学的 Vibrotechnika 研究中心于 1973 年发明了一种新型直线超声压电驱动器，合理设计电机尺寸，同一频率点激励出定子的一阶纵振（L_1）和二阶弯振（B_2），在驱动端合成质点的椭圆运动。超声压电驱动器定子运动原理图如图 1.26 所示。压电振子沿厚度方向极化，一侧的电极划分为四个区域，如图所示 1、2、3、4，另一侧电极接地，其中 1、4 区域接一相电压信号，2、3 区域接另一相电压信号，从而同时激励出一阶纵振与二阶弯振。对调两相电压信号，电机将反向运动。该模型是利用不同模态振型工作的直线超声压电驱动器的原型。

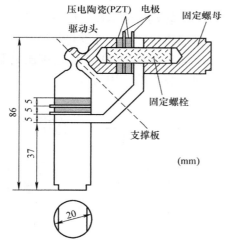

图 1.25　V 型超声压电驱动器

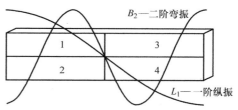

图 1.26　超声压电驱动器定子运动原理图

日本学者 Tomikawa 提出一种矩形板超声压电驱动器，如图 1.27 所示，两种模态振型合成椭圆位移运动，选取的两阶模态分别为一阶纵振（L_1）和八阶弯振（B_8），合理设计电机尺寸使得这两阶振型模态频率达到一致。采用相位差为 90° 的两相电压信号驱动超声压电驱动器，在矩形板的两端可获得质点同方向的椭圆运动，通过预压力与这些质点接触的滚筒则发生旋转，滚筒与矩形板定子之间的纸片或卡片则被传送出去[37]。

美国 Newscale 公司提出了一种"呼啦圈"式超声压电驱动器（如图 1.28a 所示），电机定子为四面体螺母结构，转子为螺杆结构，定子四个面上分别贴有压电陶瓷片（极化方向如图 1.28b 所示），相对的两片压电陶瓷片接同一相方波电压信号，两相电压信号相差 90°。通电后，激发出定子的一阶弯振，转子与定

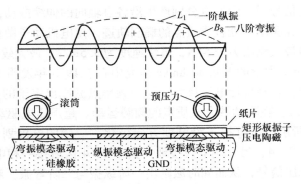

图 1.27 利用 L_1B_8 双模态复合的超声压电驱动器

子位移最大处接触，通过螺纹间的摩擦力从而使转子获得驱动转矩而发生转动。由于激励电源频率为超声频率，故四个方向的弯曲转换十分迅速，形成转子的连续旋转，并转化为轴向直线运动。此种直线超声电机尺寸小，外围封装尺寸只有 $2.8\,\mathrm{mm}\times2.8\,\mathrm{mm}\times6\,\mathrm{mm}$，最高分辨率可达 $0.5\,\mu\mathrm{m}$，最大推力 $50\mathrm{g}$。该超声压电驱动器在消费电子产品、医疗设备、国防安全中都有良好的应用前景。

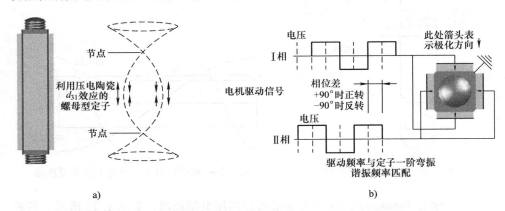

图 1.28 美国 Newscale 公司提出的"呼啦圈"式超声压电驱动器
a)"呼啦圈"式超声压电驱动器工作原理 b)两相驱动信号

随着振动理论、材料学、制造工艺等技术的发展，世界各国掀起了研究超声压电驱动器的热潮，超声压电驱动器的技术也逐渐发展，不同运行机理、结构形式的超声压电驱动器大量涌现，超声压电驱动器的发展呈现出多元化的趋势。目前超声压电驱动器的分类没有统一方法，从振动特性看，主要可分为纵振型、纵/弯型、纵/扭型、弯/弯型和面内振动模态等五种；定子的结构形式主要分为板式、环式和杆式；从波的传播方式来看，主要分为行波型和驻波型；依据定转子的接触状态主要分为接触式和非接触式；依据转子运动的自由度可以划分为单自由度和多自由度；依据运动的输出方式可以划分为旋转型和直线型[38]。

1.5.2 超声压电驱动器的特点与应用

作为一种新型微特电机，超声压电驱动器具有以下优点[39-40]：

1）设计灵活，结构紧凑，转矩密度大，一般是电磁电机的 5~10 倍；

2）低速大转矩输出，无需齿轮减速机构，可实现直接驱动；

3）位移分辨率高，定子本身的振幅是微米级；

4）电磁兼容性好，不产生磁场，也不受磁场干扰，无电磁噪声；

5）低噪声运行，工作频率一般在 20kHz 以上；

6）压电材料和摩擦材料选用合适，可在真空、高/低温、强冲击/振动等极端环境下使用。

对超声压电驱动器的研究与开发，将可部分地取代传统的小型和微型电磁电机，在航空、航天、军事、医学等高科技领域将会引起深刻的技术革新。因此，超声压电驱动器的研究具有重要的科学意义并有着广泛的应用前景和实用价值。超声压电驱动器广阔的应用前景和突出的优点引起了全球学术界和产业界的兴趣和重视，极大地推动了超声压电驱动器的研究、发展和应用[41]。

因此，20 世纪 80 年代以后，超声压电驱动器有了长足的发展。在该领域，日本处于世界的领先地位，掌握着世界上大多数超声压电驱动器的技术发明专利，现在几乎各知名大学和公司都在进行超声压电驱动器的研究和生产[37]。其中 Canon 公司投资 10 亿日元建立一条超声压电驱动器生产线，每年可生产 20~40 万台超声压电驱动器，除供给自己公司生产的照相机配套外，还提供给日本其他领域使用，如图 1.29 所示。日本 Seiko 公司每年生产 20 万台用于手表的超

图 1.29　超声压电驱动器在相机镜头中的应用

声压电驱动器。丰田公司 1998 年还成立了一家子公司，专门研究和开发用于汽车上的超声压电驱动器。

日本学者 Shigeki Toyama 将多自由度超声压电驱动器应用于管道机器人中实现镜头驱动，如图 1.30 所示[42-43]。其通过控制激励信号的相位差控制镜头转动方向，控制激励信号的频率实现对镜头转动速度的控制。超声压电驱动器的应用扩大了镜头在管道中的转动角度，将镜头转动控制精度提升到了 1°。日本应庆大学利用超声压电驱动器可直接驱动与低速大转矩的优点，将其应用在仿生手

上，如图 1.31 所示[44-45]。整个仿生手仅重 853g，却有 20 个自由度，相比于传统的电机，应用超声压电驱动器的仿生手抓取力更大。

图 1.30　管道探测机器人　　　　图 1.31　应用超声压电驱动器的仿生手

　　此外，超声压电驱动器在生物医疗领域内应用同样十分广阔。新加坡的 Liang 等人将直线形超声压电驱动器应用在外科医疗设备中，提高了耳道外科检查过程中的安全性，如图 1.32 所示[46]。韩国和日本的科研人员将多自由度超声压电驱动器应用在外科操作器械中，实现在胸腔狭小空间内三个自由度的运动，如图 1.33 所示[47]。New Scale 公司基于"squiggle"型超声压电驱动器，开发出了一个可应用于视网膜手术的六自由度操作手，大幅度减少操作误差，保证手术过程的安全性[48]。此外，由于超声压电驱动器不受电磁干扰，也不会产生磁场，这使得其在核磁共振领域有着得天独厚的优势，日本、美国、瑞士等国的研究人员均进行相关的研究工作[49-51]。超声压电驱动器还在精密定位平台[52-53]、微型机器人[54]、精密加工[55]等领域内应用广泛。

图 1.32　外耳道检查设备　　　　图 1.33　外科手术设备

　　国内的超声压电驱动器研究起步较晚，从 20 世纪 90 年代初开始，一些知名高校和科研院所，如南京航空航天大学、清华大学、浙江大学、东南大学、吉林大学、哈尔滨工业大学、华中科技大学等先后开展了超声压电驱动器的研究，并在较短的时间内就相继推出了一大批原理样机。特别是近几年，国内在深入开展超声压电驱动器理论、设计技术、材料技术研究的同时，还广泛开展大转矩、小型、微型和特种超声压电驱动器的研究，并取得了不少成果。南京航空航天大学精密驱动研究所自 1995 年成功研制出国内首台能实际运行的旋转行波超声压电驱动器以来，先后研发出 16 种具有自主知识产权的新型超声压电驱动器，其中包括 TRUM 系列圆板式旋转行波压电驱动器、BTRUM 圆杆式旋转行波压电驱动器两个系列产品以及直线型、纵扭型、多自由度、非接触超声压电驱动器等，并将超声压电驱动器成功用于多关节机器人、核磁共振注射器和机翼颤振模型试验[56]。此外，哈尔滨工业大学陈维山教授设计出了基于变幅杆换能器的多种直线超声压电驱动器[57-59]，曲建俊教授在超声压电驱动器摩擦材料研究方面取得多项研究成果；浙江大学的郭吉丰教授在优化电机结构、实现大转矩超声压电驱动器方面开展了卓有成效的工作；清华大学周铁英教授领导的课题组在微型超声压电驱动器研究方面取得了丰硕的成果，制出了 1mm 圆柱式超声压电驱动器并将其成功应用在 OCT 内窥镜中[60]。

近年来，南京航空航天大学的姚志远基于 V 型直线型超声驱动器开发了细胞微操作手，实现了细胞精确穿刺操作，如图 1.34 所示[61]。李晓牛等人对旋转型超声压电驱动器的定转子结构进行改进，设计了一种光阑用螺纹式空心超声压电驱动器，实现了对于光阑的精确调节，定位精度达到 20μrad，整个光阑的开关时间均小于 100ms[62]。朱鹏程等将图 1.35 所示的螺母型超声压电驱动器应用于皮肤药物治疗过程中，加速了药物在皮肤表面的渗透过程[63]。此外，研究人员还对超声压电驱动器在自主吸尘机器人[64]、汽车天窗驱动[65]、视觉跟踪系统[66]等领域内的应用进行了相关研究工作，并取得不俗的成果。

图 1.34　细胞微操作手实物图

图 1.35　螺母型超声压电驱动器

　　随着超声压电驱动器在工业上应用的不断探索，也对超声压电驱动器提出了新的需求，各种新型超声压电驱动器层出不穷，图1.36a所示为哈尔滨工业大学研究的蛙形超声压电驱动器，其不需要模态简并，简化了设计优化过程，只利用定子的纵振即可实现驱动器的运动[67]；图1.36b所示为王光庆设计的能量回收型超声压电驱动器定子，其通过在定子的表面粘贴压电陶瓷，在定子振动时实现能量回收[68]；图1.36c所示为一种振动减摩式超声压电驱动器，将定子对滑块的连续推拉过程与振动引起摩擦减少的过程相结合，实现滑块的连续运动[69]；图1.36d所示为南京航空航天大学设计的直线型超声压电驱动器，该驱动器可利用两种不同的工作模式实现往复运动，设计过程简单，不需要考虑模态简并过程[70]。

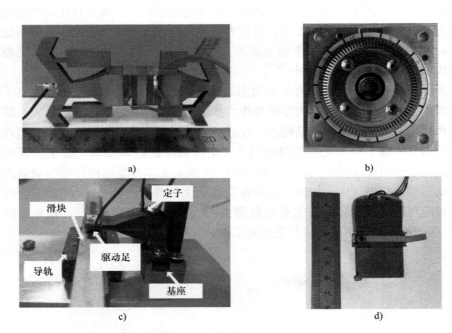

图1.36　各种新型结构形式的超声压电驱动器

a）蛙形超声压电驱动器　b）能量回收型超声压电驱动器
c）振动减摩超声压电驱动器　d）直线型超声压电驱动器

　　总的来讲，与国际先进水平特别是与日本相比，国内的超声压电驱动器起步发展较晚，研究水平相对落后，还存在许多不足之处。国外的超声压电驱动器已经进入商业化应用，而国内研制的超声压电驱动器尚未进入大规模的商业应用。

1.6 超声压电驱动器在极端环境中的研究与应用

1.6.1 超声压电驱动器在空间探索领域内的研究

若要将超声压电驱动器应用在引信安全系统中，必须要考虑复杂恶劣的引信环境对超声压电驱动器的影响。目前极端环境下超声压电驱动器的应用主要集中在空间探索领域。与地面环境相比，空间环境恶劣复杂，太阳系内各个行星内的环境如图 1.37 所示[71]。显然，太阳系内的天体大气压力值在高真空至 10^5 kPa 之间，温度在 -215℃（冥王星）和 460℃（金星）之间。若要对太阳进行探测活动，无论是压力值还是温度都将进一步的提升。此外，若在太阳系进行空间探索活动，系统还将经历大的电磁辐射干扰。此外，重力也会随着星体的不同而变化，小行星或彗星上的重力仅仅为 μg 级别，而在木星上达到了 2.5g。这对空间探测器系统的环境适应性提出了苛刻的要求与条件。传统的电磁电机作为主要的驱动器，其制造工艺与控制技术均已经十分成熟，在特殊环境下的应用需要很多附属设备，导致了成本的急剧增加[72]。而基于振动原理的超声压电驱动器，以结构简单、设计灵活、转矩/比重大、电磁兼容性好和响应速度快的优点成为空间探索领域的新宠儿[73]。

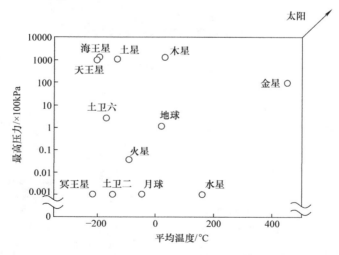

图 1.37 太阳系各大行星的环境指标

为了探索超声压电驱动器作为空间探索执行器的可行性，国外已经开展了超声压电驱动器在极端环境下的适应性研究。但是相关技术细节和实验数据的发布很少，只少许披露了超声压电驱动器在航天器上的应用情况。1990 年，美国进行了超声压电驱动器在真空与氦气条件下的应用试验研究[74]；1995 年，喷气推进实验室（Jet Propulsion Laboratory，JPL）进行了旋转型超声压电驱动器在模拟火星环境（真空及低温）的适应性研究，为提升日本新生超声压电驱动器（USR‐30）在低温和真空下的性能表现，将环形压电陶瓷环改为 SRPD 型压电晶体，研究结果表明：改进后的 SRPD 型超声压电驱动器在模拟火星环境下的性能表现得到了显著的提升[75,76]；通过反复的测试及试验，将这种超声压电驱动器安装在探测器上，并驱动全复合臂运动，如图 1.38 所示。美国 ASI 公司为 NASA 开发了一种基于直线型超声压电驱动器的行星大气掩星光谱仪（PAOS），如图 1.39 所示。将超声压电驱动器、球形滚子和衬套配合，不需要润滑液即可实现线性平滑运动，运动速度范围为 10～100mm/s，且速度误差小于 1%。该系统在超过 50 万次的满行程运动后没有发生过度磨损或性能下降的现象[77]。

图 1.38　SRPD 型超声压电驱动器在探测器上的应用

2004 年，法国研制了适用于真空环境下的超声压电驱动器，如图 1.40所示[78]，实验结果表明：该驱动器的空载转速达到 140r/min，定位精度为 10μrad，且真空热循环下的性能与普通环境相比没有明显变化，可应用于空间探测器的精密定位。日本 Morita 等人研制了一种超真空用超声压电驱动器[79,80]，如图 1.41所示。相比于普通的超声压电驱动器，真空环境下的超声压电

图 1.39　光谱仪样机

驱动器耐用性不足，主要是真空使得定转子的接触面性能发生变化，若采用碳化

钨作为摩擦材料,可大大改善超声压电驱动器在真空环境下的耐用性。日本还将超声压电驱动器应用在宇航员的 EVA 手套上[81,82]。

图 1.40 适用于真空的超声压电驱动器   图 1.41 超真空超声压电驱动器

图 1.42 为日本冈山大学设计的夹心式超声压电驱动器[83],当电压为 50V 时,其在 4.5K(−268.5℃)的环境温度下空载转速为 133r/min,堵转转矩为 0.03μN。此外,该研究团队利用钛的热膨胀系数比不锈钢更加接近于压电陶瓷热膨胀系数的特点,设计了一种基于钛换能器的超声压电驱动器。实验结果表明其在 4.5K 的环境温度下转速达到了 293r/min,堵转转矩达到 5.7μN[84]。除此之外,该研究团队还进行其他的超低温用超声压电驱动器的相关研究[85]。英国的 Sanguinetti 等人对 "squiggle" 型的低温特性进行了研究工作,如图 1.43 所示[86],研究结果表明在 161K(−112.15℃)到 9K(−264.15℃)的温度范围内,推动力可保持 2N 不变。

图 1.42 超低温用超声压电驱动器   图 1.43 "squiggle" 型超声压电驱动器

上述研究成果展现了国外将超声压电驱动器应用于高低温及真空环境下所做

的工作，主要集中在特殊环境下的性能测试及材料选取。随着我国航空航天技术的不断发展，国内众多科研单位也开始进行超声压电驱动器在航空航天领域内应用的探索性研究，主要集中在模拟太空环境下超声压电驱动器的性能测定。北京大学将一种居里温度高达428℃的压电陶瓷应用于直线型超声压电驱动器，如图1.44所示，研究结果表明，其在200℃高温下驱动力达到了0.25N，速度达到42mm/s[87]。芦小龙建立了外界环境温度对超声压电驱动器影响的理论模型，研究结果表明随着温度的升高，定子的振幅增大，预压力减小，但最终超声压电驱动器的转速与转矩将随着温度的升高而降低[88]；此后为了解决高温真空环境下旋转型超声压电驱动器摩擦材料断裂的问题，其将环形压电片改进成小的子压电片，粘贴在定子底部，如图1.45所示，有效地改善了极限高温下超声驱动器的性能[72]，任杰将改进后的超声压电驱动器进行了航空燃油调节器应用的探索性研究[89]。

图1.44　高温型超声压电驱动器　　　图1.45　改进型驱动器定子

哈尔滨工业大学的曲建俊研究了超声压电驱动器在不同真空条件下的磨损程度及驱动器的温升规律，但是对热源分布及热能耗散等问题未做理论解释[90]，通过研究真空低温条件下定转子的接触特性及摩擦材料性能，发现Ekonol作为摩擦材料可提高超声压电驱动器在真空低温条件下的性能[91,92]。南京航空航天大学自2005年开始研究超声压电驱动器在特殊环境下的性能变化规律，包括高低温[93-95]、真空[96,97]和振动[98]，获得大量的实验数据与结论，不仅有效地提升了超声压电驱动器在空间应用时的输出性能，还研究了超声压电驱动器在高低温及真空条件下的伺服控制方法[99,100]。目前南京航空航天大学生产的USM30A型号超声压电驱动器已经成功地应用于玉兔号月球上，驱动和控制红外光谱仪定标板的运动[101,102]，如图1.46所示。

1.6.2　超声压电驱动器在武器系统内的应用研究

由于超声压电驱动器形式小巧多样、断电自锁、不受电磁干扰、控制特性好

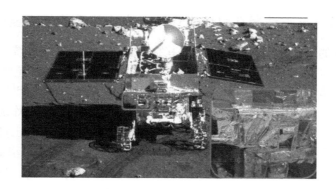

图 1.46　应用超声压电驱动器的玉兔号月球车

等诸多优势及其在航空航天等极端环境领域内的成功应用，研究人员将目光投向了武器系统。由于保密限制的原因，国外相关的公开资料很少，仅埃及明尼亚大学发表过将超声压电驱动器应用在反隐身无人机上[103]。国内南京航空航天大学对超声压电驱动器在制导武器执行机构中的应用进行了尝试性的研究[104]。南京航空航天大学的朱鹏飞设计了一种基于纵弯模态的超声压电驱动器，并将其应用于多通道舵机控件，以实现灵巧弹药的弹道修正，如图 1.47 所示。然而其论文中只完成了原理样机的装配与加工，对于弹道修正的效果缺乏实验说明[105]。杨明鹏基于宝塔型多自由度超声压电驱动器设计了一种灵巧弹药构型，利用弹头偏转实现弹道修正，执行机构如图 1.48 所示，并对灵巧弹药的弹道修正策略进行了分析与研究[106]。薛成设计了一种微小型超声压电驱动器，其单个定子包含四个驱动足，可分别控制四个舵机，该种驱动器为制导导弹的舵机控制提供了一种新的可能[107]。

图 1.47　多通道舵机执行控件的原理样机

图 1.48　执行机构样机图

1.6.3 超声压电驱动器在引信安全系统中应用面临的主要问题

武器系统的应用环境十分复杂,尤其是弹药上的引信安全系统,其不仅仅经受各种物理场(热、声、光、电、磁等)及气象因素的干扰,还将受到振动与冲击等各种环境力的作用。其中影响最大的是各种环境力的作用[1],可能会导致弹载机构的损坏,引发弹药落点的不可控或引发引信瞎火、早炸及炸膛。

一般而言,弹药在运输的过程中不可避免地受到来自于运输工具传来的振动与颠簸。表1.2列出了部分车辆在满载情况下的振动情况。其中运输振动的频率范围为2~100Hz,车辆运输过程中的惯性加速度一般只有3~4g,最大值不超过20g。由于加速或者减速引起运动方向上的加速度更小,一般小于1g,即使包装箱在卡车内部不固定,所产生的惯性加速度不超过300g[1]。

表1.2 各种车辆在满载运行中的振动

车辆类型	上下振动		左右振动		前后振动	
	a/g	f/Hz	a/g	f/Hz	a/g	f/Hz
火车	1	4~80	1.2	2	0.5	5~10
大卡车	2	2~50	1.3	8~50	0.5	8~50
小型汽车	0.8	2~20	0.5	2~20	0.3	2~20
三轮汽车	1.6	3~20	1.1	3~20	1	3~20

勤务处理过程中的意外跌落、磕碰和撞击,均会使得引信受到冲击力的作用,冲击的波形、大小和作用时间与包装方式、弹丸质量、结构尺寸、跌落高度及地面性质有关。如当弹丸落下土地时,最大加速度幅值有几百个g,但是作用时间长达十几毫秒;当弹丸落向钢板时所产生的加速度可达近20000g,持续时间只有300多微秒。发射过程中,弹药同样会受到后坐冲击力的作用,一般榴弹炮的后坐加速度可达10000~25000g,且发射后坐力的持续时间一般可到几十毫秒[108]。

虽然振动容易引起零件的疲劳老化,但由于其幅值有限,所造成的影响有限;而冲击很容易使结构产生形变或断裂,进而使得系统失效,严重的可能造成早炸,引起误伤。国内外针对冲击环境下超声压电驱动器的研究仍然十分有限。任金华等利用有限元方法对旋转型超声压电驱动器建模,分析了驱动器在10000g静态过载下的应力分布情况[109];陈超等分析了超声压电驱动器在冲击载荷作用下的应力波传递过程,并利用LS-dyna评估了超声压电驱动器所能够承受的极限过载情况,测试了不同冲击过载之后超声压电驱动器的机械特性,但其建立的是二维模型,不能准确地反映出驱动器在冲击环境中的变化过程[110];Hou等通过仿真的方法得到了一种新型驱动器在冲击载荷下的动态响应过程,但缺乏实验测试验证[111]。目前针对超声压电驱动器在冲击环境下的研究主要集中在数值模拟阶段，且建立的模型相对简单。实际上冲击诱发超声压电驱动器性能变化的原因较多，包括结构的塑性变形、压电陶瓷的断裂、压电陶瓷及定子粘结层力学性质的变化以及焊点的脱落等。为了提升超声压电驱动器在引信安全系统应用的环境适应性，亟需开展冲击载荷下超声压电驱动器的相关机理研究。

1.7 本章小结

首先介绍本书的意义与背景；对引信安全系统发展进行概述；总结国内外引信的发展趋势和特点；介绍引信解除保险执行机构的发展现状；对超声压电驱动器的发展与应用进行阐述与归纳；最后介绍了超声压电驱动器在极端环境中的研究与应用，并提出超声压电驱动器在引信安全系统中应用面临的主要问题。

参 考 文 献

[1] 张合，李豪杰. 引信机构学 [M]. 北京：北京理工大学出版社，2014.

[2] 赵刚. 引信全电子安全系统状态控制及应用研究 [D]. 北京：北京理工大学，1993.

[3] 李俊娣，袁士伟. 引信电子安全与解除保险装置 [J]. 制导与引信. 2011, 32 (4)：16 – 19, 24.

[4] 于新峰，高敏. 美军引信技术最新发展动态 [C] //第十三届引信学术年会论文集，2003.

[5] Peairs D. Smart Materials for Fuzing [C]. 55th Annual Fuze Conference, Salt Lake City, 2011.

[6] 刘培志，刘明杰，胡苓等. 引信机电安全系统设计研究 [J]. 制导与引信，1998, 2：4 – 8, 50.

[7] 王炅，李良军，邵炫等. 磁流变技术在引信安全系统中应用探讨 [J]. 探测与控制学报. 2006, 28 (6)：11 – 15.

[8] 赵淳生. 世界超声电机技术的新进展 [J]. 振动测试与诊断，2004, 24 (1)：1 – 5.

[9] 李玉宝，时运来，赵淳生等. 高速大推力直线型超声电机的设计与实验研究 [J]. 中国电机工程学报，2008, 28 (33)：49 – 53.

[10] Yongrae R, Jaehwa K. Development of a New Standing Wave Type Ultrasonic Linear Motor [J]. Sensors and Actuators A, 2004, 112：196 – 202.

[11] 金家楣，泮振锋，钱富. 阶梯圆柱形压电振子直线型超声电机 [J]. 振动、测试与诊断，2011, 31 (6)：715 – 719.

[12] 时运来，李珊珊，赵淳生. 轮式直线型超声电机定子的动态设计和分析 [J]. 振动、测试与诊断，2011, 31 (1)：1 – 5.

[13] Lu C, Xie T, Zhou T, et al. Study of a New Type Linear Ultrasonic Motor with Double – driving Feet [J]. Ultrasonics, 2006, 44：e585 – e589.

[14] 姚志远，杨东，赵淳生. 杆结构直线超声电机的结构设计和功率流分析 [J]. 中国电机

工程学报，2009，29（24）：56－60.

［15］石胜君，陈维山，刘军考，等．大推力推挽纵振弯纵复合直线超声电机［J］．中国电机
工程学报，2010，30（9）：55－61.

［16］周铁英，张凯，陈宇，等．1mm 圆柱式超声电机的研制及在 OCT 内窥镜中的应用［J］．
科学通报，2005，50（7）：713－716.

［17］邢仁涛，孙志峻，黄卫清，等．应用超声电机的多关节机器人的设计与分析［J］．振
动、测试与诊断，2005，25（3）：179－181.

［18］赵淳生．超声电机技术与应用［M］．北京：科学出版社，2007.

［19］谭惠民，施坤林．引信安全与解除保险系统的技术进展［J］．探测与控制学报，1990，
4：16－24.

［20］郭占海，焦红．引信电子安全与解除保险装置研究及设计准则的制订［J］．国防技术基
础，2010，4：6－10.

［21］崔占忠．引信发展若干问题［J］．探测与控制学报，2008，30（2）：1－4.

［22］施坤林，黄峥，马宝华，等．国外引信技术发展趋势分析与加速发展我国引信技术的必
要性［J］．探测与控制学报，2005，27（3）：1－5.

［23］席占稳，李志超，毕珊，等．MEMS 引信保险机构的驱动器研究［J］．弹道学报，
2010，22（1）：87－90.

［24］赵晶晶．某末制导火箭弹引信安全和解除保险装置改进设计［D］．南京：南京理工大
学，2008.

［25］国防科学技术工业委员会．弹药系统术语：GJB 102A－1998［S］．中华人民共和国国
家军用标准．1998.

［26］牟洪刚，黄惠东．刘青东，等．应用步进电机实现机构可逆检测［J］．探测与控制学
报，2010，32（3）：35－38.

［27］张贤彪．运动可逆式引信安全系统定位精度分析［J］．探测与控制学报，2009，31（增
刊）：4.

［28］汪金军．形状记忆合金驱动器在引信中应用的相关基础研究［D］．南京：南京理工大
学，2009.

［29］王宇勇，陈兴球，韩召．电磁拔销器在某引信中的应用［J］．水雷战与舰船防护，
2012，2 0（4）：60－62.

［30］Dong Y. Mechanical Design and Modeling of MEMS Thermal Actuators Applications［D］．Wa-
terloo：University of Waterloo，2002.

［31］匡一宁，黄庆安．基于热膨胀效应的微执行器进展［J］．电子器件，1999，22（3）：
162－170.

［32］Brown W J，Williams A L W. Piezoelectric motor：U. S. Patent 2，439，499［P］．1948－
4－13.

［33］尹育聪．行波型旋转超声电机产业化中的若干关键技术研究［D］．南京：南京航空航
天大学，2014.

［34］Sashida T. Motor device utilizing ultrasonic oscillation［J］．The Journal of the Acoustical Society of America，1986，80：711.

[35] Vishnevsky V，Gultiaeva L，Kartaschew I，et al. Piezoelectric Motor ［J］. Russian Patent，CCCP No. 851560，1976 – 1981.

[36] Kurosawa M K，Kodaira O，Tsuchitoi Y，et al. Transducer for High Speed and Large Thrust Ultrasonic Linear Motor Using Two Sandwich – type Vibrators ［J］. IEEE Trans on Ultrasonics，Ferroelectrics and Frequency Control，1998，45（5）：1188 – 1195.

[37] Ueha S，Tomikawa Y，Kurosawa M，et al. Ultrasonic Motors：Theory and Applications ［M］. Clarendon Press，1993.

[38] Zhao C. Ultrasonic motors：technologies and applications ［M］. Springer Science & Business Media，2011.

[39] 金龙，朱美玲，赵淳生. 国外超声马达的发展与应用 ［J］. 振动、测试与诊断，1996，16（1）：1 – 7.

[40] 陈明，陈新业，姜开利，等. 超声马达的应用 ［J］. 应用声学，2000，19（4）：38 – 43.

[41] 赵淳生，熊振华. 国内压电超声马达研究的现状和发展 ［J］. 振动、测试与诊断，1997，17（2）：1 – 7.

[42] Toyama S. Spherical ultrasonic motor for pipe inspection robot ［C］// International Symposium on Robotics. IEEE，2014：1 – 6.

[43] Hoshina M，Mashimo T，Toyama S. Development of spherical ultrasonic motor as a camera actuator for pipe inspection robot ［C］//International Conference on Intelligent Robots and Systems. IEEE，2009：2379 – 2384.

[44] Yamano I，Maeno T. Five – fingered Robot Hand using Ultrasonic Motors and Elastic Elements ［C］// IEEE International Conference on Robotics and Automation. IEEE，2006：2673 – 2678.

[45] Yamano I，Takemura K，Maeno T. Development of a robot finger for five – fingered hand using ultrasonic motors ［C］//International Conference on Intelligent Robots and Systems. IEEE，2003，3：2648 – 2653.

[46] Liang W，Jun M，Kok K T. Contact force control on soft membrane for an ear surgical device ［J］. IEEE Transactions on Industrial Electronics，2018，65（12）：9593 – 9603.

[47] Takemura K，Park S，Maeno T. Control of multi – dof ultrasonic actuator for dexterous surgical instrument ［J］. Journal of Sound and Vibration，2008，311（3 – 5）：652 – 666.

[48] Yang S，Maclachlan R A，Riviere C N. Manipulator Design and Operation of a Six – Degree – of – Freedom Handheld Tremor – Canceling Microsurgical Instrument ［J］. IEEE/ASME Transactions on Mechatronics，2015，20（2）：761 – 772.

[49] Suzuki T，Liao H，Kobayashi E，et al. Ultrasonic motor driving method for EMI – free image in MR image – guided surgical robotic system ［C］//International Conference on Intelligent Robots and Systems. IEEE，2007：522 – 527.

[50] Krieger A，Song S E，Cho N B，et al. Development and Evaluation of an Actuated MRI –

Compatible Robotic System for MRI – Guided Prostate Intervention [J]. IEEE/ASME Transactions on Mechatronics, 2013, 18 (1): 273 – 284.

[51] Chapuis D, Gassert R, Burdet E, et al. A hybrid ultrasonic motor and electrorheological fluid clutch actuator for force – feedback in MRI/fMRI [C] //2008 30th Annual International Conference of the IEEE Engineering in Medicine and Biology Society. IEEE, 2008: 3438 – 3442.

[52] Egashira Y, Kosaka K, Iwabuchi T, et al. Sub – nanometer resolution ultrasonic motor for 300mm wafer lithography precision stage [J]. Japanese journal of applied physics, 2002, 41 (9R): 5858.

[53] Lee D J, Lee S K. Ultraprecision XY stage using a hybrid bolt – clamped Langevin – type ultrasonic linear motor for continuous motion [J]. Review of Scientific Instruments, 2015, 86 (1): 015111.

[54] Koc B, Basaran D, Akin T, et al. Design of a piezoelectric ultrasonic motor for micro – robotic application [C] //Int. Conf. Mechatronic Design and Modeling, Turkey. 2002: 205 – 219.

[55] Breguet J M, Driesen W, Kaegi F, et al. Applications of Piezo – Actuated Micro – Robots in Micro – Biology and Material Science [C] // Mechatronics and Automation, 2007. ICMA 2007. International Conference on. IEEE, 2007.

[56] 邢仁涛, 孙志峻, 黄卫清, 等. 应用超声电机的多关节机器人的设计与分析 [J]. 振动、测试与诊断, 2005, 25 (3): 179 – 181.

[57] 石胜军, 陈维山, 刘军考, 等. 一种基于纵弯夹心式换能器的直线超声电机 [J]. 中国电机工程学报, 2007, 27 (18): 30 – 34.

[58] 赵学涛, 陈维山, 郝铭. 纵弯复合多自由度超声电机的研究 [J]. 西安交通大学学报, 2009, 8 (43): 107 – 111, 124.

[59] Liu Y, Liu J, Chen W, et al. Actuating Mechanism and Design of a T – type Linear Ultrasonic Motor [J]. Journal of Harbin Institute of Technology (New Series), 2011, 2 (18): 43 – 46.

[60] 周铁英, 陈宇, 鹿存跃, 等. 超声电机在透镜调焦中的研发、应用和展望 [J]. 微特电机, 2007, 35 (11): 52 – 55.

[61] 沙金. 基于直线超声电机的细胞微操作手结构设计 [D]. 南京: 南京航空航天大学, 2013.

[62] Li X, Zhou S. A novel piezoelectric actuator with a screw – coupled stator and rotor for driving an aperture [J]. Smart Material Structures, 2016, 25 (3): 035027.

[63] Zhu P, Peng H, Yang J, et al. A new low – frequency sonophoresis system combined with ultrasonic motor and transducer [J]. Smart Materials and Structures, 2018, 27 (3): 035021.

[64] 王宏建. 超声电机驱动的自主吸尘机器人研制 [D]. 南京: 南京航空航天大学, 2006.

[65] Yao Z, Fu Q, Geng R, et al. Development and applications of linear ultrasonic motors [C] // International Conference on Ubiquitous Robots & Ambient Intelligence. IEEE, 2016.

[66] 郑亮亮. 超声电机驱动的目标视觉跟踪系统的设计与实现 [D]. 南京: 南京航空航天大学, 2007.

[67] Zhang Q, Chen W, Liu Y, et al. A frog – shaped linear piezoelectric actuator using first – order longitudinal vibration mode [J]. IEEE Transactions on Industrial Electronics, 2016, 64 (3): 2188 – 2195.

[68] Wang G, Xu W, Gao S, et al. An energy harvesting type ultrasonic motor. [J]. Ultrasonics, 2017, 75: 22 – 27.

[69] Lu X, Hu J, Zhang Q, et al. An ultrasonic driving principle using friction reduction [J]. Sensors and Actuators A: Physical, 2013, 199: 187 – 193.

[70] Liu Z, Yao Z, Jian Y, et al. A novel plate type linear piezoelectric actuator using dual – frequency drive [J]. Smart Materials and Structures, 2017, 26 (9): 095016.

[71] Sherrit S. Smart material/actuator needs in extreme environments in space [C] //Smart Structures and Materials 2005: Active Materials: Behavior and Mechanics. International Society for Optics and Photonics, 2005, 5761: 335 – 347.

[72] 芦小龙. 用于空间环境的超声电机的研究 [D]. 南京: 南京航空航天大学, 2014.

[73] 陈维山, 李霞, 谢涛. 超声波电动机在太空探测中的应用 [J]. 微特电机, 2007, 35 (1): 42 – 45.

[74] Moroney R M, White R M, Howe R T. Ultrasonic micromotors: physics and applications [C] // IEEE Proceedings on Micro Electro Mechanical Systems, An Investigation of Micro Structures, Sensors, Actuators, Machines and Robots. IEEE, 1990: 182 – 187.

[75] Das H, Bao X, Bar – Cohen Y, et al. Robot manipulator technologies for planetary exploration [C] //Smart Structures and Materials 1999: Smart Structures and Integrated Systems. International Society for Optics and Photonics, 1999, 3668: 175 – 183.

[76] Bar – Cohen Y, Bao X, Grandia W. Rotary ultrasonic motors actuated by traveling flexural waves [C] //Smart Structures and Materials 1998: Smart Structures and Integrated Systems. International Society for Optics and Photonics, 1998, 3329: 794 – 801.

[77] Heverly M, Dougherty S, Toon G, et al. A Low Mass Translation Mechanism for Planetary FT-IR Spectrometry using an Ultrasonic Piezo Linear Motor [C] //37 th Aerospace Mechanisms Symposium. 2004: 251.

[78] Six M F, Letty R L, Seiler R, et al. Rotating piezoelectric motors for high precision positioning & space applications [C] //9th International Conference on New Actuators, Bremen, Germany, 2004.

[79] Morita T, Niino T, Asama H. Rotational feedthrough using ultrasonic motor for high vacuum condition [J]. Vacuum, 2002, 65 (1): 85 – 90.

[80] Morita T, Takahashi S, Asama H, et al. Rotational feedthrough using an ultrasonic motor and its performance in ultra high vacuum conditions [J]. Vacuum, 2003, 70 (1): 53 – 57.

[81] Yamada Y, Morizono T, Sato S, et al. Proposal of a SkilMate finger for EVA gloves [C] // Proceedings 2001 ICRA. IEEE International Conference on Robotics and Automation (Cat. No. 01CH37164). IEEE, 2001, 2: 1406 – 1412.

[82] Yamada Y, morizono T, Sato K, et al. Proposal of a skilmate hand and its component technol-

ogies for extravehicular activity gloves [J]. Advanced Robotics, 2004, 18 (3): 269 –284.

[83] Yamaguchi D, Kanda T, Suzumori K. An ultrasonic motor for cryogenic temperature using bolt – clamped Langevin – type transducer [J]. Sensors and Actuators A: Physical, 2012, 184: 134 –140.

[84] Takeda D, Yamaguchi D, Kanda T, et al. An ultrasonic motor using a titanium transducer for a cryogenic environment [J]. Japanese Journal of Applied Physics, 2013, 52 (7S): 07HE13.

[85] Yamaguchi D, Kanda T, Suzumori K. Bolt – clamped Langevin – type transducer for ultrasonic motor used at ultralow temperature [J]. Journal of Advanced Mechanical Design, Systems, and Manufacturing, 2012, 6 (1): 104 –112.

[86] Sanguinetti B, Varcoe B T H. Use of a piezoelectric SQUIGGLE ® motor for positioning at 6 K in a cryostat [J]. Cryogenics, 2006, 46 (9): 694 –696.

[87] Li X, Chen J, Chen Z, et al. A high – temperature double – mode piezoelectric ultrasonic linear motor [J]. Applied Physics Letters, 2012, 101 (7): 072902.

[88] Lu X, Zhou S, Zhao C. Finite element method analyses of ambient temperature effects on characteristics of piezoelectric motors [J]. Journal of Intelligent Material Systems and Structures, 2014, 25 (3): 364 –377.

[89] 任杰. 超声电机在航空燃油调节器中的应用及控制 [D]. 南京:南京航空航天大学, 2012.

[90] Qu J, Zhou N, Tian X, et al. Characteristics of ring type traveling wave ultrasonic motor in vacuum [J]. Ultrasonics, 2009, 49 (3): 338 –343.

[91] 曲建俊,周宁宁,丁熠. 真空下超声波驱动接触状态研究 [C] //第十三届中国小电机技术研讨会论文集,上海, 2008: 311 –315.

[92] 田秀. 真空低温下超声马达转子摩擦材料驱动特性研究 [C] //中国宇航学会深空探测技术专业委员会. 中国宇航学会深空探测技术专业委员会第七届学术年会论文集. 2010: 6.

[93] 尹育聪,贺奔,杨淋,等. 组合结构超声电机在真空高低温复合环境下的研究 [C] //第十届全国振动理论及应用学术会议论文集(2011)下册, 2011.

[94] 芦小龙,丁庆军,李华峰,等. 行波型旋转超声电机的低温特性 [J]. 振动. 测试与诊断, 2010, 30 (5): 529 –533.

[95] 郑伟,朱春玲,芦丹,等. 高温环境下旋转型行波超声电机性能研究 [J]. 中国电机工程学报, 2008, 28 (21): 85 –89.

[96] 苏娜,芦丹,赵淳生. 超声电机在真空环境下的负载特性试验研究 [J]. 振动、测试与诊断, 2006, 26 (2): 151 –153, 164.

[97] 芦丹,郑伟,赵淳生. 超声电机真空环境试验研究 [J]. 压电与声光, 2009, 31 (2): 213 –214.

[98] 芦丹,苏娜. 超声电机振动环境下的试验研究 [C]. 中国小电机技术研讨会, 2006.

[99] 王金鹏,时运来,薛雯玉,等. 高低温环境下超声电机伺服控制系统的性能 [J]. 振

动. 测试与诊断，2011，31（3）：291 – 294.

[100] 芦丹，郑伟，赵淳生. 真空环境下超声电机的速度测试与控制 [J]. 光学精密工程，2008，16（7）.

[101] He Z P，Wang B Y，Lü G，et al. Operating principles and detection characteristics of the Visible and Near – Infrared Imaging Spectrometer in the Change – 3 [J]. Research in Astronomy and Astrophysics，2014，14（12）：1567 – 1577.

[102] Ramsay S L，Wolfgang Markus STÖGGL，Weinberger K M，et al. Visible and Near – Infrared Imaging Spectrometer（VNIS）For Chang E – 3 [J]. Proceedings of SPIE – The International Society for Optical Engineering，2014，9263.

[103] El Diwiny M，El Sayed A H，Hassanen E S，et al. Implementation of anti stealth technology for safe operation of unmanned aerial vehicle [C] //2014 IEEE/AIAA 33rd Digital Avionics Systems Conference（DASC）. IEEE，2014：7E2 – 1 – 7E2 – 12.

[104] 于志远，莫昱，姚晓先. 超声波电机在制导武器执行机构中的应用前景探讨 [J]. 战术导弹控制技术，2006（4）：100 – 103.

[105] 朱鹏飞. 新型微小压电作动器及其在多通道舵机控件中的应用 [D]. 南京：南京航空航天大学，2016.

[106] 杨明鹏. 基于多自由度超声电机的灵巧弹药构型及驱动 [D]. 南京：南京航空航天大学，2014.

[107] 薛成，陈超. 新型多通道控制的微小型超声电机 [J]. 机械与电子，2017（4）：44 – 47，52.

[108] 王雨时. 引信设计用内弹道和中间弹道特性分析 [J]. 探测与控制学报，2007，29（4）：1 – 5.

[109] 任金华，陈超. 高过载环境下旋转型行波超声电机的动力学分析与设计 [C] // 全国振动利用工程学术会议暨第四次全国超声电机技术研讨会. 2012.

[110] 陈超，任金华，石明友，等. 旋转行波超声电机的冲击动力学模拟及实验 [J]. 振动、测试与诊断，2014，34（1）：8 – 14.

[111] Hou X，Lee H P，Ong C J，et al. Shock analysis of a new ultrasonic motor subjected to half sine acceleration pulses [J]. Advances in Computational Design，2016，1（4）：357 – 370.

第 2 章　压电陶瓷性能及其参数描述

2.1　压电陶瓷的压电效应

　　压电效应是 1880 年由居里兄弟在 α 石英晶体上首先发现的。它反映了压电晶体的弹性和介电性的相互耦合作用，是一种机电耦合效应，包括正压电效应和逆压电效应。如图 2.1 所示，对某些晶体施加外力使晶体发生形变的同时，将改变晶体的极化状态，在晶体的两个端面上产生等量的正、负电荷，电荷的面密度与施加作用力的大小成正比，一旦作用力撤除，电荷即消失，这种由于机械力的作用使介质发生极化的现象称为正压电效应。反之，如果把外电场加在这种晶体上，改变其极化状态，晶体的形状也将发生变化，当外加电场撤除，晶体的形状也恢复原来状态，这就是逆压电效应。

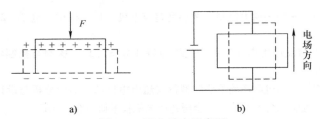

a)　　　　　　　　　　　　b)

图 2.1　压电效应示意图

注：实线代表晶体变形前的情况，虚线代表晶体变形后的情况。

　　晶体结构上不存在对称中心是产生压电效应的必要条件。对于有对称中心的晶体，无论是否有外力作用，晶体中的正负电荷中心总是重合在一起，不会产生压电效应。而对于没有对称中心的晶体，在外力作用下，晶体发生形变，正负电荷中心发生分离，单位体积中电矩不再为零，晶体对外表现出极性，如图 2.2 所示。

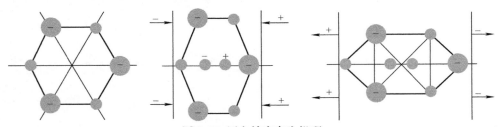

图 2.2　压电效应产生机理

刚烧制成的陶瓷往往不呈现压电性。压电陶瓷一般是铁电体，铁电陶瓷只有在外电场作用下，铁电畴的自发极化方向转向，才能呈现出压电性。这是因为陶瓷是一种多晶体，由于其中各细小晶粒的取向基本上是无序的，其晶粒可以是单畴或多畴的，而各畴自发极化的方向除了受铁电体自身极畴方向的限制外并无择优取向，这时的陶瓷不表现出宏观电极化。极化处理是将陶瓷置于场强大于该材料矫顽场的电场中，使陶瓷中各电畴的自发极化方向转动并尽可能与外电场方向一致。当直流电场去除后，陶瓷内仍能保留相当的剩余极化强度，陶瓷材料具有宏观电极性，也就具有了压电性能[1-2]。

压电陶瓷作为超声压电驱动器的激振元件，也是核心元件，其性能的好坏直接影响超声压电驱动器的速度、驱动力或转矩等输出性能。压电陶瓷作为弹性体、电介质所具有的弹性和介电特性，使其具有了机电耦合特性。应用于超声压电驱动器的压电陶瓷，不仅需要具有良好的机电耦合特性，而且需要用机械品质因数、介电损耗、居里点、压电常数和机械强度等性能参数来描述其性能的好坏。

2.2　压电陶瓷的机电耦合特性

在压电学范围内，压电陶瓷可以看成是弹性体，在外力作用下压电陶瓷会产生变形。变形可分为弹性变形和塑性变形，压电材料在正常工作时，变形量很小，可以看作是弹性变形。这种弹性行为可以用应力 T 和应变 S 来描述。人们经过长期的实践，总结了一个规律，即"在弹性限度范围内，物体内某一点附近的应变分量与该点附近的应力分量之间存在线性关系"。此规律称弹性关系，又称胡克定律。弹性体的应力 T 和应变 S 之间的关系，可以用向量形式的胡克定律来表示[3]：

$$\begin{bmatrix} S_1 \\ S_2 \\ S_3 \\ S_4 \\ S_5 \\ S_6 \end{bmatrix} = \begin{bmatrix} s_{11} & s_{12} & s_{13} & s_{14} & s_{15} & s_{16} \\ s_{21} & s_{22} & s_{23} & s_{24} & s_{25} & s_{26} \\ s_{31} & s_{32} & s_{33} & s_{34} & s_{35} & s_{36} \\ s_{41} & s_{42} & s_{43} & s_{44} & s_{45} & s_{46} \\ s_{51} & s_{52} & s_{53} & s_{54} & s_{55} & s_{56} \\ s_{61} & s_{62} & s_{63} & s_{64} & s_{65} & s_{66} \end{bmatrix} \begin{bmatrix} T_1 \\ T_2 \\ T_3 \\ T_4 \\ T_5 \\ T_6 \end{bmatrix} \tag{2.1}$$

或者写成

$$
\begin{bmatrix} T_1 \\ T_2 \\ T_3 \\ T_4 \\ T_5 \\ T_6 \end{bmatrix} = \begin{bmatrix} c_{11} & c_{12} & c_{13} & c_{14} & c_{15} & c_{16} \\ c_{21} & c_{22} & c_{23} & c_{24} & c_{25} & c_{26} \\ c_{31} & c_{32} & c_{33} & c_{34} & c_{35} & c_{36} \\ c_{41} & c_{42} & c_{43} & c_{44} & c_{45} & c_{46} \\ c_{51} & c_{52} & c_{53} & c_{54} & c_{55} & c_{56} \\ c_{61} & c_{62} & c_{63} & c_{64} & c_{65} & c_{66} \end{bmatrix} \begin{bmatrix} S_1 \\ S_2 \\ S_3 \\ S_4 \\ S_5 \\ S_6 \end{bmatrix}
\tag{2.2}
$$

上面式子可以简写为 $S = sT$ 或 $T = cS$。式中：s 称为弹性柔顺常数矩阵，c 称为弹性刚度常数矩阵，并且 $s = c^{-1}$。这两个常数都是四阶张量，在它们的分量中，有关系 $s_{ij} = s_{ji}$ 和 $c_{ij} = c_{ji}$。

极化过的压电陶瓷材料有类似于六角晶系的对称性，柔度矩阵只有 12 个非零分量，其中独立的分量只有五个，分别是 s_{11}、s_{12}、s_{13}、s_{33}、s_{44}，其他非零分量都可以由这两个独立分量表示，这样压电陶瓷的柔度矩阵就可以表示为

$$
s = \begin{bmatrix} s_{11} & s_{12} & s_{13} & 0 & 0 & 0 \\ s_{21} & s_{11} & s_{12} & 0 & 0 & 0 \\ s_{31} & s_{13} & s_{33} & 0 & 0 & 0 \\ 0 & 0 & 0 & s_{44} & 0 & 0 \\ 0 & 0 & 0 & 0 & s_{44} & 0 \\ 0 & 0 & 0 & 0 & 0 & 2(s_{11} - s_{12}) \end{bmatrix}
\tag{2.3}
$$

压电陶瓷刚度矩阵中独立的分量也有 5 个：c_{11}、c_{12}、c_{13}、c_{33}、c_{44}，其矩阵的结构与式 (2.3) 类似。

一般来说，不导电的物质称为电介质，压电陶瓷是一种电介质。电介质材料以感应的方式对外电场做出响应时，在电介质的表面上，分别出现正负极化电荷。实验证明，极化强度 P 与电场强度 E 之间成比例关系[4]，即

$$
P = \chi E
\tag{2.4}
$$

式中，χ 为介质的极化率。

在各向同性介质中，极化率 χ 是标量，因而 E 与 P 方向相同；在各向异性介质中，极化率 χ 是张量，因而 E 与 P 方向不同。

根据电学的基本理论可知，电位移 D 和电场强度 E、极化强度 P 之间的关系，用 MKS 单位制可表达为

$$
D = \varepsilon_0 E + P
\tag{2.5}
$$

式中，ε_0 为真空的介电常数。

把式 (2.4) 代入式 (2.5)，即得

$$D = (\varepsilon_0 + \chi)E = \varepsilon E \qquad (2.6)$$

式中，ε 为介电常数，它是描述介质极化程度的一个物理量。如果用矩阵形式来表示介电关系，而不用矢量形式，并把直角坐标系的（x，y，z）用（1，2，3）代替，则有[4]

$$\begin{bmatrix} D_1 \\ D_2 \\ D_3 \end{bmatrix} = \begin{bmatrix} \varepsilon_{11} & \varepsilon_{12} & \varepsilon_{13} \\ \varepsilon_{21} & \varepsilon_{22} & \varepsilon_{23} \\ \varepsilon_{31} & \varepsilon_{32} & \varepsilon_{33} \end{bmatrix} \begin{bmatrix} E_1 \\ E_2 \\ E_3 \end{bmatrix} \qquad (2.7)$$

对于所有晶体，都有 $\varepsilon_{ij} = \varepsilon_{ji}$。由此可见，对于完全各向异性体的独立介电常数的分量只有六个。考虑压电陶瓷的极化，假设只极化三个方向，则介电常数矩阵可简化为

$$\boldsymbol{\varepsilon} = \begin{bmatrix} \varepsilon_{11} & 0 & 0 \\ 0 & \varepsilon_{22} & 0 \\ 0 & 0 & \varepsilon_{33} \end{bmatrix} \qquad (2.8)$$

对压电陶瓷而言，除了电场 E 与电位移 D 及应力 T 与应变 S 之间的直接效应外，还存在着这些机械量和电气量之间的机电耦合效应，也就是压电陶瓷的压电特性[3]。

压电晶体的压电效应可以通过压电应变常数 $\boldsymbol{d}$ 表示的线性关系来描述。

$$\begin{bmatrix} D_1 \\ D_2 \\ D_3 \end{bmatrix} = \begin{bmatrix} d_{11} & d_{12} & d_{13} & d_{14} & d_{15} & d_{16} \\ d_{21} & d_{22} & d_{23} & d_{24} & d_{25} & d_{26} \\ d_{31} & d_{32} & d_{33} & d_{34} & d_{35} & d_{36} \end{bmatrix} \begin{bmatrix} T_1 \\ T_2 \\ T_3 \\ T_4 \\ T_5 \\ T_6 \end{bmatrix} \qquad (2.9)$$

式中，D_i 为介质内电位移；T_j 为机械应力；d_{ij} 为压电应变常数（$i = 1$，2，3；$j = 1$，2，…，6）。

式（2.9）可写为 $\boldsymbol{D} = \boldsymbol{dT}$。压电应变常数 $\boldsymbol{d}$ 表示单位外加电场引起的晶体应变的变化，它反映了压电晶体的机电耦合关系。如果用上标 t 表示矩阵的转置，逆压电效应具有的数学关系为

$$\boldsymbol{S} = \begin{bmatrix} S_1 \\ S_2 \\ S_3 \\ S_4 \\ S_5 \\ S_6 \end{bmatrix} = \boldsymbol{d}^t \boldsymbol{E} = \begin{bmatrix} d_{11} & d_{21} & d_{31} \\ d_{12} & d_{22} & d_{32} \\ d_{13} & d_{23} & d_{33} \\ d_{14} & d_{24} & d_{34} \\ d_{15} & d_{25} & d_{35} \\ d_{16} & d_{26} & d_{36} \end{bmatrix} \begin{bmatrix} E_1 \\ E_2 \\ E_3 \end{bmatrix} \qquad (2.10)$$

对于极化轴沿 z 方向的压电陶瓷，垂直于 z 轴平面内各向同性，因此与 z 轴垂直的任意方向都可以作为 x 轴方向，即压电应变常数矩阵为

$$\boldsymbol{d} = \begin{bmatrix} 0 & 0 & 0 & 0 & d_{15} & 0 \\ 0 & 0 & 0 & d_{15} & 0 & 0 \\ d_{31} & d_{31} & d_{33} & 0 & 0 & 0 \end{bmatrix} \tag{2.11}$$

压电晶体具有机电转换特性，所以会发生电学行为和弹性行为的耦合，这种耦合关系在小信号条件下，可以用比较简单的线性压电方程来描述。压电方程是对压电晶体的介电特性、弹性特性和压电特性的综合表达。在弹性限度范围内，外电场不为零时，应变可由应力和电场两方面的作用产生，而电位移也可以由应力和外电场两个方面产生。压电陶瓷存在着机械和电气两种边界条件，其机械边界条件分为自由和夹持，电气边界条件分为短路和开路两种状态。因此，相应的综合描述晶体极化、弹性之间耦合作用的压电方程组，就有四种组合。若在电场 $\boldsymbol{E}$ 和电位移 $\boldsymbol{D}$ 及应力 $\boldsymbol{T}$ 和应变 $\boldsymbol{S}$ 这两组变量中各选取一个量作为自变量，可以有四种不同类型的压电方程：

对应于机械自由（$T=0$，$S\neq0$）和电学短路（$E=0$，$D\neq0$）的边界条件的第一类压电方程为

$$\begin{cases} \boldsymbol{D} = \boldsymbol{d}\boldsymbol{T} + \boldsymbol{\varepsilon}^{\mathrm{T}}\boldsymbol{E} \\ \boldsymbol{S} = \boldsymbol{s}^{\mathrm{E}}\boldsymbol{T} + \boldsymbol{d}^{\mathrm{t}}\boldsymbol{E} \end{cases} \tag{2.12}$$

式中，s^{E} 为恒定电场强度下的机械柔度矩阵；$\boldsymbol{\varepsilon}^{\mathrm{T}}$ 为恒定机械应力下的介电常数矩阵。

对应于机械夹持（$S=0$，$T\neq0$）和电学短路（$E=0$，$D\neq0$）的边界条件的第二类压电方程为

$$\begin{cases} \boldsymbol{D} = \boldsymbol{\varepsilon}^{\mathrm{S}}\boldsymbol{E} + \boldsymbol{e}\boldsymbol{S} \\ \boldsymbol{T} = -\boldsymbol{e}^{\mathrm{t}}\boldsymbol{E} + \boldsymbol{c}^{\mathrm{E}}\boldsymbol{S} \end{cases} \tag{2.13}$$

式中，$\boldsymbol{\varepsilon}^{\mathrm{S}}$ 为恒定机械应变下的介电常数矩阵；e 为压电应力常数矩阵；c^{E} 为恒定电场强度下的机械刚度矩阵。

对于机械自由（$T=0$，$S\neq0$）和电学开路（$D=0$，$E\neq0$）的第三类压电方程是

$$\begin{cases} \boldsymbol{E} = \boldsymbol{\beta}^{\mathrm{T}}\boldsymbol{D} - \boldsymbol{g}\boldsymbol{T} \\ \boldsymbol{S} = \boldsymbol{g}^{\mathrm{t}}\boldsymbol{D} + \boldsymbol{s}^{\mathrm{D}}\boldsymbol{T} \end{cases} \tag{2.14}$$

式中，$\boldsymbol{\beta}^{\mathrm{T}}$ 为恒定机械应力下的介电隔离常数矩阵；g 为压电电压常数矩阵。

对于机械夹持（$S=0$，$T\neq0$）和电学开路（$D=0$，$E\neq0$）的第四类压电方程是

$$\begin{cases} \boldsymbol{E} = \boldsymbol{\beta}^{\mathrm{S}}\boldsymbol{D} - \boldsymbol{h}\boldsymbol{S} \\ \boldsymbol{T} = -\boldsymbol{h}^{\mathrm{t}}\boldsymbol{D} + \boldsymbol{c}^{\mathrm{D}}\boldsymbol{S} \end{cases} \tag{2.15}$$

式中，$\boldsymbol{\beta}^{\mathrm{S}}$ 为恒定机械应变下的介电隔离常数矩阵；$\boldsymbol{h}$ 为压电刚度常数矩阵。

2.3　超声驱动压电陶瓷的主要性能参数

压电陶瓷作为超声压电驱动器的第一个能量转换阶段的关键部件，其性能的优劣关系到整个超声压电驱动器的性能，为了使超声压电驱动器获得较好的输出性能，超声压电驱动器用压电材料要满足高的机电耦合系数 k_{p}、高的机械品质因数 Q_{m}、低的介电损耗 $\tan\delta$、较高的居里点 T_{c}、高的压电常数 d_{33} 和较高的机械强度[4]。

1. 较高的机电耦合系数

机电耦合系数是综合反映压电振子的机械能与电能之间耦合程度的参数，同时取决于压电材料的介电常数、弹性常数和压电常数。机电耦合系数的平方 k_{p}^2 定义如下：

$$k_{\mathrm{p}}^2 = \frac{转换为机械能的电能}{输入的总电能}（对应于逆压电效应） \tag{2.16}$$

由于压电振子的机械能同振子的形状和振动模式有关，因而不同形状和不同振动模式所对应的机电耦合系数不同。机电耦合系数是个小于 1 的无量纲量。在振子中，未被转换的那一部分能量是以电能或弹性能的形式，可逆地存储在压电体内。对压电陶瓷来说在谐振时能量转换效率比较高，因此，在设计超声压电驱动器时，总希望超声压电驱动器的工作频率和压电振子的谐振频率是一致的。

2. 较高的机械品质因数

机械品质因数 Q_{m} 是指压电振子谐振时，在一个周期内存储的机械能与损耗的机械能之比，表示为

$$Q_{\mathrm{m}} = 2\pi \frac{W_{\mathrm{m}}}{W_{\mathrm{R}}} \tag{2.17}$$

式中，W_{m} 为谐振时每个振动周期内压电陶瓷存储的最大弹性能；W_{R} 为每个振动周期内损耗的机械能。

压电振子的机械品质因数 Q_{m} 同振子谐振时的振动放大倍数有关，由振子压电陶瓷、黏结层和弹性基体在循环应力作用下的内部摩擦确定，是衡量振子谐振时机械内耗大小的一个重要参数。产生机械损耗的原因是材料内部存在内摩擦，Q_{m} 还与振子的振动模式有关。超声压电驱动器是利用振动能量的，因此 Q_{m} 越大，压电陶瓷内部摩擦损耗占的比例就越小，谐振时放大倍数就越大，压电陶瓷将电能转换为机械能的比例就越高，超声压电驱动器就能输出更大的功率。

3. 较低的介质损耗

介质损耗是指压电元件在高频交变电场的作用下，由于极化追随不及电场变

化而滞后产生的、电能转换成热能失散掉的现象。损耗系数常用损耗角 δ 的正切值 $\tan\delta$ 来表示。$\tan\delta$ 是判别压电材料性能好坏一个重要依据，也是选择压电陶瓷能否用于超声压电驱动器上的另一个重要依据。$\tan\delta$ 越小，则材料性能越好，压电振子本身的功率损耗也就越小。

4. 较高的电学品质因数

电学品质因数 Q_e 等于介质损耗角正切 $\tan\delta$ 的倒数。电学品质因数 Q_e 越高，由于极化弛豫现象引起的能量损耗就会越少，压电振子的功率损耗也就越小。

5. 高的居里点

温度能使压电陶瓷的晶胞发生形变，从而使压电陶瓷发生相变。在某个特定的温度以下，具有压电效应，超过此特定温度，压电陶瓷会失去压电效应，这一特定的温度就是压电陶瓷的居里温度（Curie Temperature）。因此超声压电驱动器用的压电陶瓷一定要有较高的居里点，使超声压电驱动器具有较大的工作温度范围、较好的时间稳定性和温度稳定性，以减少压电振子发热对超声压电驱动器性能的影响。

6. 高的压电常数

如果沿着压电体的某个方向施加电场，在线性范围内，可以根据与该方向对应的非零压电常数来判断何种模态会被激发。从逆压电效应的角度来说，压电应变常数 d 越大，压电晶体材料的机电转换效率就越高，超声压电驱动器就越易于实现低电压驱动。

7. 较高的机械强度

由于压电陶瓷比较脆，如果压电陶瓷内部不均匀或有裂纹，在交变应力的作用下容易发生断裂，从而使压电陶瓷失效，所以超声压电驱动器用压电陶瓷必须具有较高的机械强度。

实际应用中很难有一种压电陶瓷材料能同时满足以上所有指标要求，应根据不同的使用场合和主要需求来选择，例如在强调能耗的应用场合，多采用硬性压电陶瓷；在需要较低电压、宽频带的场合，采用软性压电陶瓷；工作环境为高温，则应将居里温度作为一个重要指标。

常用压电陶瓷应用及主要特征见表 2.1。

表 2.1　常用压电陶瓷应用及主要特征

材料型号	应用	主要特征
PZT-4、F_2	发射型材料：中等功率以下的声纳发射和超声换能器，低占空比主动声纳发射换能器	强场激励时，抗张强度高，压电常数、耦合系数均高于 PZT-8，介电常数比较高，强场损耗高于 PZT-8
PZT-5A、PZT-5H、S_3	接收型材料：水听器、微音器、扬声器元件、拾音器	压电常数，耦合系数最高，介电常数特别高，额定抗张强度低，时间稳定性好，介电损耗大

（续）

材料型号	应用	主要特征
SF 型	收发两用型材料：小型声纳、探测仪、鱼探仪、超声探测、超声探伤	介电常数、压电常数、耦合系数均介于收发型之间，介电常数略高于 F_2
PZT – 8、F_c	大功率声纳换能器、大振幅超声换能器	强场损耗较低，额定静态和动态抗张强度大，压电系数、耦合系数比较高，仅低于 PZT – 5 和 PZT – 4，介电常数小
$BaTiO_2$	逐步被 PZT 材料取代，可用于一些要求不高的超声器件或发射换能器件	居里点低，温度性差。压电常数、耦合系数低于 PZT 材料

2.4 超声压电驱动器振子的振动模式

振子与动子之间的相互作用是由振子振动产生的，振子是超声压电驱动器工作的核心部件，振子的振动情况直接决定着超声压电驱动器的输出特性和力矩输出形式。超声压电驱动器振子的振动源是压电陶瓷，通过对粘接在弹性振子上的压电陶瓷施加交变电场，由于陶瓷的逆压电效应，振子呈现出不同的振动模式。压电振子本身是弹性体，具有无限多个固有振动频率 f_n。当给压电陶瓷施加交变电场频率等于某一阶固有频率时，压电振子产生机械共振，可以将压电陶瓷的振动放大[5]。按照电场方向与极化方向之间的关系，振子可以产生各种模式的振动。当电场方向和极化方向相同时，压电陶瓷产生伸缩振动；电场方向和极化方向垂直时，压电陶瓷产生剪切振动。对于伸缩振动，又可以根据极化方向与质点振动方向之间的关系分为纵向伸缩振动和横向伸缩振动，当质点振动方向与极化方向相同时的振动为纵向振动，质点振动方向与极化方向垂直时的振动为横向振动[6]。图 2.3 所示为以板状压电振子为例的几种振动模式。

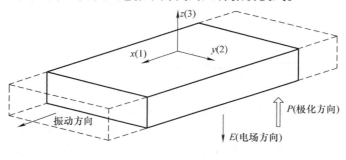

a)

图 2.3 板状压电振子的三种振动形式

a）横向振动模态 d_{31}

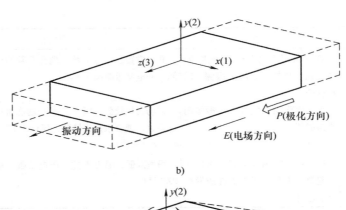

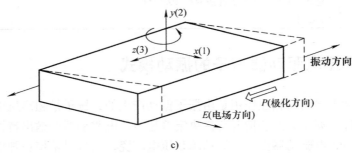

图 2.3 板状压电振子的三种振动形式（续）

b）纵向振动模态 d_{33} c）剪切模态 d_{15}

在外电场激励下，压电振子呈现出各种不同的振动模式，各种振动模式之间存在相互影响与相互耦合。因此，在设计压电振子时，除了要选择合适的压电陶瓷材料之外，还要选择压电振子恰当的振动模式。如果在压电陶瓷的某一方向上施加电压信号，可以根据与该方向有关的非零压电常数来判断何种振动模式有可能会被激发出来。然而，预期的振动模式能否被激发出来，还与压电振子所设计的形状、尺寸和阻尼情况等因素有关。因此，当希望激发出压电振子某种特定的振动模式时，应使压电器件的形状和尺寸有利于该振动模式下机—电能量的转换[6]。

2.5 超声压电驱动器振子的振动微分方程

分析超声压电驱动器振子振动时，需要建立振子质点振动的微分方程。超声压电驱动器的振子是连续弹性体，而且结构复杂，通过传统的分析方法进行分析时计算量非常大，也很难得到准确的计算结果。可以通过适当简化，将超声压电驱动器振子的分布式质量和刚度离散为集总参数的多自由度系统。采取这样的离散化处理，既保留了振子结构的主要特性，又使问题容易求解。对于简单的系统，通常用牛顿第二定律建立系统的微分方程。对于复杂的约束系统，通常用拉格朗日方程建立系统的振动微分方程。因为它是从系统的总体出发，用广义坐标下的动能、势能和功等物理量来描述运动量与作用力之间的关系，而不必从矢量上去考虑。

用拉格朗日方程建立的振子在比例阻尼作用下的强迫振动微分方程，具有如下形式：

$$[M]\{\ddot{x}\} + [C]\{\dot{x}\} + [K]\{x\} = \{F(t)\} \tag{2.18}$$

式中，$[M]$ 为质量矩阵，$[C]$ 为阻尼矩阵，$[K]$ 为刚度矩阵，$\{x\}$ 为质点的振动位移，$\{\dot{x}\}$ 为质点的振动速度，$\{\ddot{x}\}$ 为质点的振动加速度，$\{F(t)\}$ 为外部激励力。

在无阻尼条件下，振子的自由振动的微分方程为

$$[M]\{\ddot{x}\} + [K]\{x\} = \{0\} \tag{2.19}$$

设其特解为

$$\{x\} = \{X\}\sin(\omega_n t + \varphi) \tag{2.20}$$

其中 $\{X\}$ 为位移幅值向量，ω_n 为固有频率，φ 为相位角，t 为时间，将式 (2.20) 代入式 (2.19) 可得

$$([K] - \omega_n^2[M])\{X\} = \{0\} \tag{2.21}$$

这是一个齐次线性方程组，其非零解的条件是系数行列式等于零，即

$$\det([K] - \omega_n^2[M]) = 0 \tag{2.22}$$

这是关于 ω_n 的 n 次代数方程，称之为频率方程，解得的 ω_n 从小到大排成

$$\omega_1 < \omega_2 < \cdots < \omega_n \tag{2.23}$$

称 ω_1 为系统的第一阶固有频率或基频，把任意一个 ω_i 代入齐次方程 (2.21)，可得到与之对应的特征向量 X_i，由于式 (2.21) 是齐次方程，其系数行列式值为 0 时，各 X_i 的绝对值不能确定，但是其相对比值 $x_{i1}:x_{i2}:x_{i3}:\cdots:x_{in}$ 是完全能确定的，这表明系统按一个固有频率谐振时，各点振幅之间有与 ω_i 相应的确定比值 X_i，它表达了各个自由度在以频率 ω_i 作简谐振动时各个坐标幅值的相对大小，X_i 则称为系统的主振型，或固有振型（Natural mode shape），简称为振型[7]。无阻尼多自由系统在主振动时，各质点同时到达平衡位置或最大的振动幅值[8]。振型是响应幅值之比，各质点位移按同一比例放大或缩小。

多自由度系统以 ω_i 为固有频率，以 X_i 为模态的第 i 阶主振动就可以表示为

$$x_i = X_i\sin(\omega_i t + \varphi_i) \tag{2.24}$$

系统的主振动就是各阶主振动的叠加，即

$$x = \sum_1^n X_i\sin(\omega_i t + \varphi_i) \tag{2.25}$$

式中 φ_i 受初始条件确定，当有初始边界条件时，X_i 还受初始条件影响。

2.6 引信用超声压电驱动器方案设计

根据引信的具体结构情况，解除保险过程有平移式和旋转式，根据这两种解除保险方式，设计了两种用于引信安全与解除保险装置中的超声压电驱动器，如图2.4所示。图2.4a为旋转型方案，工作原理为弹药发射后，环境传感器采集到两道独立的环境信息后，经信号处理模块处理，当两道环境信息分别满足要求的环境特征，且符合时序逻辑时，信号处理模块发出执行信号指令，超声压电驱动器开始动作，带动隔爆机构的转子转动。导爆孔与导爆药之间错开的角度是预先设定的已知量，超声压电驱动器的转速可以控制，因此可通过设定压电陶瓷片通电时间来控制隔爆转子运动到位的时间，即解除保险时间。当超声压电驱动器转动达到设定的时间，控制电路发出指令，压电陶瓷断电，超声压电驱动器瞬间停止转动。此时，导爆孔与导爆药对正，爆炸序列对正，隔爆机构解除隔离，引信处于待发状态[9]。图2.4b为直线型方案，弹药发射后，当引信中的信号处理模块接收到相应的环境信息时，压电陶瓷在指令作用下通电，超声压电驱动器的动子（下文称为滑块）开始直线运动，即隔爆机构的隔爆板发生动作。隔爆板由安全状态到解除保险状态的行程为预先设定，超声压电驱动器滑块的运动速度可通过调节驱动信号电压幅值或驱动信号频率或两相驱动信号相位差来控制，根据炮口保险距离的要求，结合弹丸出炮口速度调节。滑块运动到位后，压电陶瓷断电，压电驱动器瞬间停止运动，传爆序列对正，隔爆机构解除隔离，引信处于待发状态[10]。

本书将分章节对直线型引信用超声压电驱动器方案和旋转型引信用超声压电驱动器方案进行阐述。

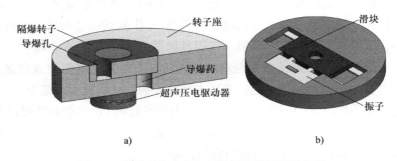

a)   b)

图2.4 驱动引信安全与解除保险装置两种方案
a）旋转型方案 b）直线型方案

2.7　本章小结

本章介绍了压电陶瓷的压电效应，阐述了压电陶瓷的机电耦合特性，给出了超声驱动中应用的压电陶瓷主要性能参数，分析了超声压电驱动器振子的几种振动模式及振动微分方程，最后给出了基于超声压电驱动的平移式和旋转式引信安全与解除保险装置方案。

参 考 文 献

[1] 王永龄. 功能陶瓷性能与应用 [M]. 北京：科学出版社，2003.
[2] 冯瑞，师昌绪，刘治国. 材料科学导论——融贯与论述 [M]. 北京：化学工业出版社，2002.
[3] 胡敏强，金龙，顾菊平. 超声波电机原理与设计 [M]. 北京：科学出版社，2005.
[4] 段志杰，李千，吴华德，等. 超声电机用压电材料的研究进展 [J]. 材料导报，2008，22(6)：24 - 27.
[5] 曾平，程光明，杨志刚，等. 单振子多自由度压电马达研究 [J]. 压电与声光，2000，22(5)：306 - 308.
[6] 杨淋. 纵扭复合型超声电机的研究 [D]. 南京：南京航空航天大学，2010.
[7] EWINS D J，赵淳生，周传荣. 模态实验理论与实践 [M]. 南京：东南大学出版社，1991.
[8] 李敏，程伟. 工程振动基础 [M]. 北京：北京航空航天大学出版社，2004.
[9] 唐玉娟，王炅. 一种精密驱动器在引信安全系统中的应用 [J]. 南京理工大学学报，2012，36(5)：796 - 799.
[10] 唐玉娟，王炅. 逆压电驱动的运动可逆式引信隔爆机构 [J]. 探测与控制学报，2013，35(3)：56 - 60.

第3章 引信用双足直线型超声压电驱动器的
工作机理及结构设计

3.1 引信用双足直线型超声压电驱动器的原理

3.1.1 引信用双足直线型超声压电驱动器结构

本章设计的引信用双足直线型超声压电驱动器由带有通孔的滑块和振子组成，振子和滑块通过预压力紧密接触，振子下端面贴有两片压电陶瓷片，上端面凸出部分为两驱动足；滑块下端面的中间凸起部分，起运动限位作用。振子和滑块中各有一通孔，用作传火通道：通孔错开时，引信处于隔火状态；通孔对正时，为隔爆机构对正状态。该双足直线型超声压电驱动器初始状态如图3.1所示。

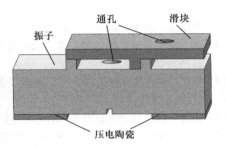

图 3.1 超声压电驱动器结构

3.1.2 振子工作模态的选取

将超声压电驱动器振子简化为梁结构，在自由 – 自由边界条件下，梁的纵向振动固有振型函数 ϕ_{En} 和弯曲振动固有振型函数 ϕ_{Bn} 分别为

$$\phi_{En}(x) = \cos\left(\frac{n\pi}{l}x\right) \tag{3.1}$$

$$\phi_{Bn}(x) = \cosh\beta_n x + \cos\beta_n x - G_n(\sinh\beta_n x + \sin\beta_n x) \tag{3.2}$$

本书所采用的引信用直线型超声压电驱动器将选取振子一阶纵振模态 E_1 和二阶弯振模态 B_2 为超声压电驱动器工作模态，由式（3.1）和式（3.2）可得到振子一阶纵振和二阶弯振振型函数如下：

一阶纵振振型函数为

$$\phi_{E1}(x) = \cos\left(\frac{\pi}{l}x\right) \tag{3.3}$$

二阶弯振振型函数为

$$\phi_{B2}(x) = \cosh\beta_2 x + \cos\beta_2 x - G_2(\sinh\beta_2 x + \sin\beta_2 x) \qquad (3.4)$$

式中，G_2，β_2 均为常量，l 为振子长度，x 为振子上任意点到原点 O 的 x 方向的距离。

利用 ANSYS 软件对自由 – 自由边界条件下振子进行模态分析，其一阶纵振和二阶弯振模态的振型图如图 3.2 所示，图中深色部分为振子相应振型，虚线为未变形前的振子轮廓。ANSYS 分析结果与式（3.3）和式（3.4）所描述的振型函数所描述的模态性状是一致的。

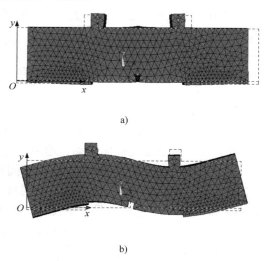

图 3.2　振子工作模态振型

a）一阶纵振模态 E_1　b）二阶弯振模态 B_2

3.1.3　双足直线型超声压电驱动器运动机理分析

引信用双足直线型超声压电驱动器的振子结构如图 3.3 所示。双足直线型超声压电驱动器的两驱动足分别位于弯曲振动的波峰、波谷处，由自由 – 自由边界条件得到二阶弯振的波节位置分别为 0.13l，0.5l 和 0.87l[1]，因此波峰波谷位置分别为（0.13l + 0.5l）/2 和（0.87l + 0.5l）/2 处，即 $x = 0.32l$ 和 $x = 0.69l$ 处。

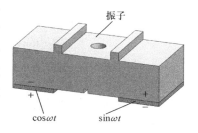

图 3.3　超声压电驱动器振子结构

振子的一阶纵振使驱动足获得 x 方向上的往复位移，如图 3.2a 所示；二阶弯振使驱动足获得 y 方向上的往复位移，如图 3.2b 所示。由运动学可知：若一个质点以同一个频率在互相垂直的两个方向振动时，则质点的运动轨迹是一个椭圆。下面通过解析法验证超声压电驱动器驱动足的椭圆轨迹。

x 向伸缩振动和 y 向弯曲振动响应函数分别为

$$u(x,t) = E\sin(\omega t + \alpha)\phi_{E1}(x) \tag{3.5}$$

$$v(x,t) = B\sin(\omega t + \beta)\phi_{B2}(x) \tag{3.6}$$

式中，E、B 分别为一阶纵向振动和二阶弯曲振动的振动位移幅值；ω 为振动角频率；t 为时间；α 为纵振初始频率；β 为弯振初始频率。

由式（3.5）和式（3.6）两式中消去时间参数 t 可得得到[2]

$$\frac{u^2(x,t)}{\phi_{E1}^2(x)} - \frac{2u(x,t)v(x,t)}{\phi_{E1}(x)\phi_{B2}(x)}\cos(\beta - \alpha) + \frac{v^2(x,t)}{\phi_{B2}^2(x)} = \sin^2(\beta - \alpha) \tag{3.7}$$

可以看出当 $\beta - \alpha = \pi/2$ 时，式（3.7）为标准椭圆方程：

$$\frac{u^2(x,t)}{\phi_{E1}^2(x)} + \frac{v^2(x,t)}{\phi_{B2}^2(x)} = 1 \tag{3.8}$$

即当 x 向伸缩振动响应和 y 向弯曲振动响应的相位差为 90° 时，驱动足上每一点的运动轨迹为一椭圆，正是由于这些椭圆运动，超声压电驱动器振子才能推动滑块产生直线运动。因此，需要在压电陶瓷上施加两相同频等幅，频率高于 20kHz，相位差为 90° 的正弦电压信号。而实际工作中分别对两块极化方向相反的压电陶瓷片施加 $A\cos\omega t$ 和 $A\sin\omega t$ 的电压信号，激发出振子弹性体的两阶工作模态，耦合出驱动足上质点的椭圆运动，循环往复的微观椭圆运动通过摩擦力带动滑块产生宏观的直线运动，如图 3.4 所示。

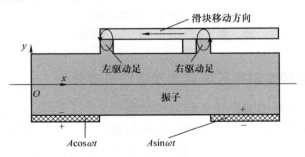

图 3.4 超声压电驱动器工作原理

为了更清晰地表述驱动足上质点在一个周期的椭圆运动，接下来将利用图解进行分析，如图 3.5 所示，图 3.5a 中 " + " 区域表示在此时间段内压电陶瓷在 x 方向产生伸长变形，" – " 区域表示在此时间段内压电陶瓷在 x 方向产生缩短变形；图 3.5c 中振子弹性体简化为两条粗线条，箭头表示纵振的伸缩方向。

$0 \sim T/4$，左侧陶瓷片在 x 方向产生缩短变形，右侧陶瓷片在 x 方向产生伸长变形，两片陶瓷片激发出振子的二阶弯振，如图 3.5b①所示；

$T/4 \sim T/2$，左侧陶瓷片在 x 方向产生伸长变形，右侧陶瓷片在 x 方向产生伸长变形，两片陶瓷片激发出振子的一阶纵振，如图 3.5b②所示；

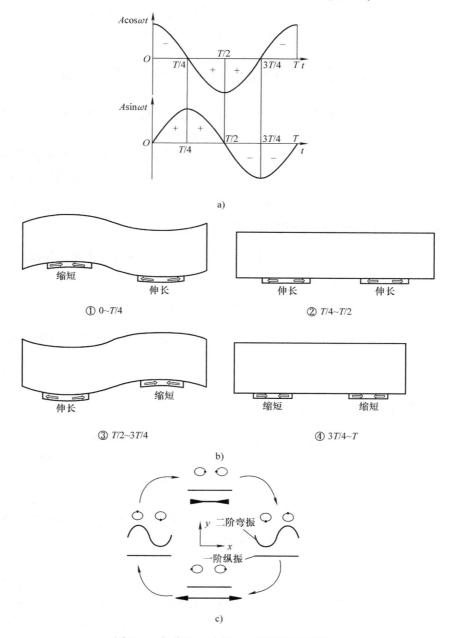

图 3.5　驱动足上质点一个周期的椭圆运动

a）一个周期的两相电压信号　b）一个周期振子变形过程　c）驱动足上质点一个周期运动过程

$T/2 \sim 3T/4$，左侧陶瓷片在 x 方向产生伸长变形，右侧陶瓷片在 x 方向产生缩短变形，两片陶瓷片激发出振子的二阶弯振，如图3.5b③所示；

$3T/4 \sim T$，左侧陶瓷片在 x 方向产生缩短变形，右侧陶瓷片在 x 方向产生缩短变形，两片陶瓷片激发出振子的一阶纵振，如图3.5b④所示。

3.2 双足直线型超声压电驱动器机械性能理论计算

双足直线型超声压电驱动器的机械输出性能是其非常重要的特性，目前国内外对行波型超声压电驱动器[3-4]、柱状弯曲旋转超声压电驱动器[5-6]以及兰杰文振子型直线超声压电驱动器[7-8]的输出性能研究较多，但对纵弯耦合直线型超声压电驱动器的研究较少，本节对引信用直线型超声压电驱动器的机械性能进行理论分析与计算。

3.2.1 双足直线型超声压电驱动器输出速度

驱动足与滑块之间无滑动时，超声压电驱动器输出速度等于振子驱动足上的质点沿 x 方向的速度 V_x，其表达式为

$$V_x = \frac{\mathrm{d}u(x,t)}{\mathrm{d}t} = E\omega\cos\left(\frac{\pi}{l}x\right)\cos(\omega t + \alpha) \tag{3.9}$$

因此驱动足上质点沿 x 方向的最大速度 V_{xmax} 为超声压电驱动器的最大速度，其值为

$$V_{xmax} = E\omega \tag{3.10}$$

3.2.2 双足直线型超声压电驱动器输出力

当 x 向伸缩振动响应和 y 向弯曲振动响应的相位差为90°时，驱动足上每一点的运动轨迹为一椭圆，令 $\beta - \alpha = \pi/2$，则式（3.5）和式（3.6）可化简为

$$u(x,t) = E\phi_{E1}(x)\cos(\omega t) \tag{3.11}$$

$$v(x,t) = B\phi_{B2}(x)\sin(\omega t) \tag{3.12}$$

令 $E\phi_{E1}(x) = U_a$，$B\phi_{B2}(x) = V_a$，U_a、V_a 分别为驱动足表面质点纵振和弯振的幅值。则式（3.11）和式（3.12）可进一步化简为

$$u(t) = U_a\cos(\omega t) \tag{3.13}$$

$$v(t) = V_a\sin(\omega t) \tag{3.14}$$

由式（3.13）和式（3.14）可得到驱动足表面上质点的椭圆振动轨迹，如图3.6a 所示，质点的四个极限位置分别如 A、B、C、D 所示，图中 u 轴表示驱动足表面质点的纵振位移，v 轴表示驱动足表面质点的弯振位移。

超声压电驱动器稳态运行过程中，振子上的驱动足与滑块断续接触，因此在

一个振动周期内驱动足与滑块之间存在接触、脱离两种区间，如图 3.6b 所示，a 点表示驱动足与滑块开始接触，b 点表示接触终止。驱动足与滑块开始接触点的弯振位移为 v_0，φ_a 和 φ_b 分别表示驱动足与滑块接触时的起始角和终止角，时间上分别对应 t_a 和 t_b，则定滑块从开始接触到最后脱离时持续的角度（即接触角）为 $\varphi = \varphi_b - \varphi_a$。

由图 3.6b 容易得出 $\varphi_b + \varphi_a = \pi$，因此则驱动足与滑块表面开始接触时的弯振位移为

$$v_0 = V_a\sin\varphi_a = V_a\sin\left[(\pi - \varphi)/2\right] = V_a\cos(\varphi/2) \tag{3.15}$$

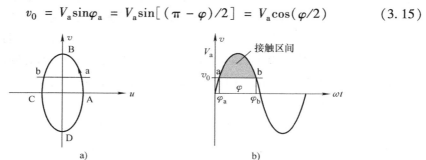

图 3.6　驱动足表面质点的椭圆轨迹及定滑块的接触情况

在驱动足与滑块接触区间，由于振子表面为超声高频振动，因此驱动足对滑块产生冲击，且冲击频率很高。滑块的受力情况如图 3.7 所示。图中，P 为预压力，N 为滑块上摩擦材料受到的振子振动冲击力，冲击力在一个周期 $T = 2\pi/\omega$ 内可表示为

$$N = \begin{cases} 0 & (0, t_a) \\ k_f(v - v_0) & (t_a, t_b) \\ 0 & (t_b, T) \end{cases} \tag{3.16}$$

式中，k_f 为摩擦材料的等效刚度，$k_f = E_f S_c / h_f$；其中 E_f、S_c、h_f 分别为摩擦材料的杨氏模量、接触截面积和摩擦材料厚度。

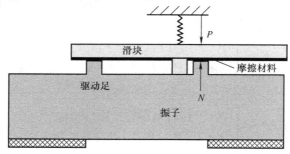

图 3.7　滑块受到预压力和冲击力的情况

由式（3.15）可知，当 $\varphi = \pi$ 时，驱动足与滑块表面开始接触时的弯振位移 $v_0 = 0$，对应的起始角与终止角分别为 $\varphi_a = 0$，$\varphi_b = \pi$，对应的时间分别为 $t_a = 0$，$t_b = \pi/\omega$。此时驱动足与滑块接触的时间为半个周期。由图 3.2 与图 3.4 可知超声压电驱动器的左右驱动足分别位于弯曲振动的波峰、波谷处，因此两驱动足弯振位移总是符号相反；当右边驱动足在前半个周期与滑块接触时，左边驱动足与滑块处于脱离状态；而进入后半个周期时，右驱动足与滑块处于脱离状态，左驱动足与滑块处于接触状态，当从而保证在一个振动周期内，两个驱动足交替与滑块接触，使得压电驱动器的驱动力持续输出。为了满足驱动足与滑块接触的时间为半个周期时，预压力 P 的最大值至少大于 $k_f V_a$，令 $P_{co} = k_f V_a$，当预压力小于 P_{co} 时，驱动足与滑块在半个周期断续接触；当预压力大于 P_{co} 时，驱动足与滑块在半个周期内始终接触，不发生脱离现象，则 P_{co} 为临界预压力。

引入 P_{co} 并修正式（3.16）得

$$N = \begin{cases} k_f(v - v_0) & P < P_{co} \\ k_f v + (P - P_{co}) & P \geqslant P_{co} \end{cases} \tag{3.17}$$

由式（3.13）可得驱动足在 x 向伸缩振动（即纵振）速度为

$$V_x = \frac{du(t)}{dt} = -U_a\omega\sin(\omega t) \tag{3.18}$$

超声压电驱动器稳态状态的输出速度并不是其最大速度，因此超声压电驱动器稳态状态下滑块的移动速度 V_τ 小于式（3.10）中的最大速度 V_{xmax}。当振子驱动足的纵振速度高于滑块的移动速度时，摩擦力做正功；当振子驱动足的纵振速度低于滑块的移动速度时，摩擦力做负功。因此驱动足与滑块之间的相对速度将影响摩擦力，驱动足与滑块之间的摩擦系数 μ 可以表述为[9]

$$\mu = \begin{cases} k_1(V_x - V_\tau) + \mu_d & V_x \geqslant V_\tau \\ k_1(V_x - V_\tau) - \mu_d & V_x < V_\tau \end{cases} \tag{3.19}$$

式中，μ_d 为静摩擦系数，k_1 为附加系数。

稳态状态下超声压电驱动器输出力 F 与驱动足、滑块间的摩擦推力是相等的，即 $F = F_m = \mu N$，将式（3.19）带入式（3.17）得到

当 $V_x \geqslant V_\tau$ 时，$F = \begin{cases} k_f(v - v_0)[k_1(V_x - V_\tau) + \mu_d] & P < P_{co} \\ [k_f v + (P - P_{co})][k_1(V_x - V_\tau) + \mu_d] & P \geqslant P_{co} \end{cases}$

$$\tag{3.20}$$

当 $V_x < V_\tau$ 时，$F = \begin{cases} k_f(v - v_0)[k_1(V_x - V_\tau) - \mu_d] & P < P_{co} \\ [k_f v + (P - P_{co})][k_1(V_x - V_\tau) - \mu_d] & P \geqslant P_{co} \end{cases}$

$$\tag{3.21}$$

3.3　引信用双足直线型超声压电驱动器的振子结构的参数优化

3.3.1　振子结构优化参数的选取

如 3.1 节中双足直线型超声压电驱动器运行机理所述，双足直线型超声压电驱动器实际工作中分别对两块极化方向相反的压电陶瓷片施加相同频率的 $A\cos\omega t$ 和 $A\sin\omega t$ 的电压信号，同时激发出振子弹性体的两阶工作模态，这就要求设计的双足直线型超声压电驱动器工作所时所采用的一阶纵振和二阶弯振的频率尽可能一致，因此需要对振子的结构尺寸进行合理设计，研究每一个结构参数对两相频率变化的影响系数，即对结构参数进行灵敏度分析，找出对纵振频率和弯振频率灵敏度影响均较大的参数作为设计变量，对结构进行优化，最终使两相模态频率达到一致。图 3.8 所示为双足直线型超声压电驱动器振子结构参数简图[10]。

结合引信安全系统的结构尺寸限制，振子长度 L 取为 18mm，压电陶瓷的宽度 $L_2 = 5\text{mm}$，厚度 $H_2 = 0.2\text{mm}$，即这三个参数为常量。考虑到双足直线型超声压电驱动器在引信夹持装置中的定位，振子底部开一个 0.5mm × 0.5mm 通槽。由于两个驱动足的中心位置分别在 $x = 0.32L$ 和 $x = 0.69L$ 处，因此 L_4 可由 L_1 表示，即 $L_4 = 0.37L - L_1$；同理 L_3 也可由 L_1 表示，即 $L_3 = (0.63L - L_1)/2$。剩余 L_1、B、H、H_1、R 五个待确定的结构参数。

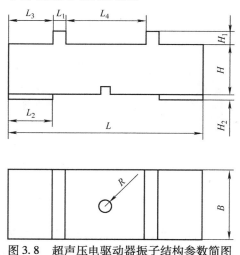

图 3.8　超声压电驱动器振子结构参数简图

3.3.2　基于模态频率的参数优化

为了进行有限元分析，需要给出各待确定结构尺寸的初始值。将振子看作矩形板，为了使该矩形薄板两个振动模态频率尽可能相等，通常取 $L/H = 4^{[11]}$。则 H 初始值取为 4.5mm，其他待定参数初始值见表 3.1。

表 3.1 各参数初始值

参数	L_1/mm	B/mm	H/mm	H_1/mm	R/mm
初始值	1	8	4.5	1	0.9

利用有限元软件 ANSYS 对振子初始结构进行模态分析，振子弹性体的材料为磷青铜，其密度为 8800kg/m^3，弹性模量为 1.13×10^{11} N/m^2，泊松比为 0.33；压电陶瓷采用无锡海鹰集团生产的 PZT – 5，其密度为 7600kg/m^3，机电耦合系数为 0.53，机械品质因数为 800，居里温度为 300℃，介电损耗为 0.5，压电常数为 $d_{31} = 95$pC/N，$d_{33} = 245$pC/N，$d_{15} = 190$pC/N，有限元分析时磷青铜和 PZT8 分别选择 SOLID45 单元和 SOLID5 单元。

由分析结果可得一阶纵振模态频率 $f_{E1} = 90.397$kHz，二阶弯振模态频率 $f_{B2} = 94.047$kHz，两相模态频率值相差较大为 3.65kHz，分别如图 3.9、图 3.10 所示。这两个振型是模态提取时紧邻的两阶振型，软件所提取的一阶纵振和二阶弯振是在一个频率范围内振幅最大的情况，在这个频率范围内有很多弱化的一阶纵振和二阶弯振，为各参数值的优化提供了可能性，因此只要合理设计各参数，两个振型频率会达到一致。

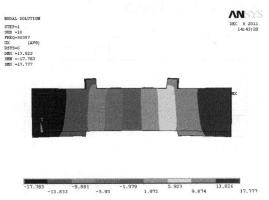

图 3.9 振子优化前一阶纵振模态（见彩图）

针对两相模态频率一致性问题，首先将表 3.1 中的参数按顺序指定为灵敏度分析变量 $p_i(i = 1，2，\cdots，5)$，对五个参数进行灵敏度分析。根据单一变量原则，即控制唯一变量而排除其他变量干扰从而分析唯一变量的作用，得到一阶纵振频率和二阶弯振频率随各参数变化的规律分别如图 3.11、图 3.12 所示。

由图 3.11 可以看出 R、B、L_1、H、H_1 五个待确定的结构参数中，B、L_1、

H、H_1 变化对一阶纵振频率 f_{E1} 变化影响甚微，但是振子中的通孔半径 R 的变化对 f_{E1} 的变化影响十分明显，随着 R 的增大，f_{E1} 显著下降，是因为随着通孔半径 R 的增大，振子的刚度减小，模态频率下降。

由图 3.12 可以看出 R、B、L_1、H、H_1 五个待确定的结构参数中，B、L_1、H_1 变化对二阶弯振频率 f_{B2} 变化影响甚微，振子中的通孔半径 R 的变化同样对

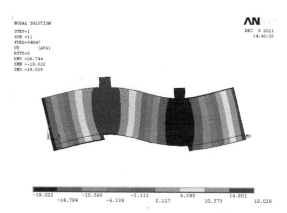

图 3.10　振子优化前二阶弯振模态（见彩图）

f_{B2} 的变化影响十分明显，f_{B2} 随着 R 的增大而下降；同时振子厚度 H 对二阶弯振频率影响较大，f_{B2} 随着 H 的增大而增大。

由此可见五个待确定的结构参数中 R 对两阶工作模态频率 f_{E1} 与 f_{B2} 的灵敏度较大，厚度 H 对二阶弯振频率影响较大，其余参数灵敏度微小。

五个待确定的结构参数对两阶工作模态频率 f_{E1} 与 f_{B2} 的一致性影响如图 3.13 所示。由图 3.13 可以看出参数 B、L_1、H_1 的变化对频率一致性贡献甚微，参数 R 的增量 Δp_R 对频率一致性影响较大，f_{E1} 与 f_{B2} 的差值 Δf 随着 Δp_R 的增大而增大。显然，振子上开孔不利于一阶纵振和二阶弯振频率一致，由于引信的特殊结构，振子上必须开孔作为传火通道，由以上分析可知 R 越小越有利于两相频率一致；两相频率差 Δf 随振子厚度 H 的增大先减小后增大，在 $H=4\text{mm}$ 时两相频率相差最小。

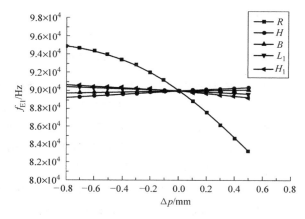

图 3.11　一阶纵振频率 f_{E1} 随各参数变化的规律

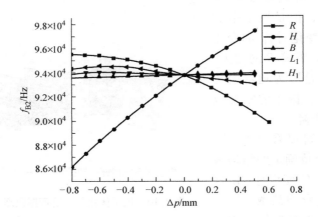

图 3.12　二阶弯振频率 f_{B2} 随各参数变化的规律

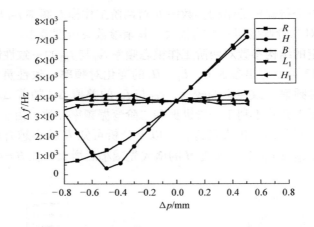

图 3.13　各结构参数对两阶工作模态频率 f_{E1} 与 f_{B2} 的一致性影响

　　由以上分析，选取 R、H 为最终设计参数，其余结构参数保持初始值不变。由图 3.13 可以得出随着 R 的减小，f_{E1} 与 f_{B2} 不断接近，但是考虑到引信安全系统的实际情况，最小传火通道半径 R 的值确定为 1.7mm；参数 H 取值为 $H = 4$mm。参数值确定后进行模态分析得到 f_{E1} 与 f_{B2} 的值分别为 90.037kHz 和 90.151kHz，$\Delta f = 0.114$kHz，与初始参数情况比较见表 3.2。可见尺寸优化对两阶频率一致性效果十分明显，两阶模态频率的差值由 3.65kHz 减小到 0.114kHz。优化后的振子一阶纵振沿 x 方向的位移等值线图和二阶弯振沿 y 方向的位移等值线图分别如图 3.14 和图 3.15 所示。

表 3.2　参数优化前后两阶工作模态频率比较

	f_{E1}/kHz	f_{B2}/kHz	Δf/kHz
初始值	90.397	94.047	3.650
优化后	90.037	90.151	0.114
Δf_2/kHz	0.360	3.896	

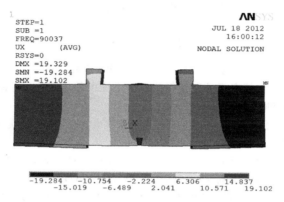

图 3.14　参数优化后振子一阶纵振沿 *x* 方向的位移等值线图（见彩图）

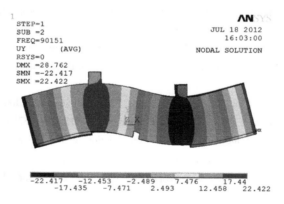

图 3.15　参数优化后振子二阶弯振沿 *y* 方向的位移等值线图（见彩图）

3.4　本章小结

　　本章论述了引信用双足直线型超声压电驱动器的方案选择及确定，介绍了双足直线超声压电驱动器的结构，确定了工作模态，分析了双足超声压电驱动器运动机理，并对双足超声压电驱动器的机械性能参数进行了理论计算。

　　确定了双足超声压电驱动器尺寸参数，根据引信安全系统的结构要求给出双足超声压电驱动器初始结构尺寸，此时双足超声压电驱动器两相工作模态频率差为 3.65kHz，不满足使用要求。利用有限元软件对双足超声压电驱动器振子进行了参数化建模，分析了各结构参数对双足超声压电驱动器两相模态频率一致性灵敏度；以双足超声压电驱动器两相工作模态频率尽可能一致为优化目标，对双足超声压电驱动器结构尺寸进行了优化，仿真得到优化后的双足超声压电驱动器两相工作模态频率差为 0.114kHz，达到了优化目标。

参 考 文 献

[1] 赵淳生. 超声电机技术与应用 [M]. 北京：科学出版社，2007.

[2] 唐玉娟，王炅. 一种精密驱动器在引信安全系统中的应用 [J]. 南京理工大学学报，2012，36 (5)：796 - 799.

[3] 蒋春容，胡敏强，金龙，等. 中空环形行波超声波电机有限元接触模型 [J]. 东南大学学报（自然科学版），2014，44 (1)：99 - 103.

[4] Shen S, Lee H P, Lim S P, et al. Contact Mechanics of Traveling Wave Ultrasonic Motors [J]. IEEE Transactions on Magnetics, 2013, 49 (6): 2634 - 2637.

[5] 王剑，郭吉丰，鹿存跃，等. 柱状弯曲超声波电机的定转子接触方式和力传递模型 [J]. 声学学报，2007，32 (6)：511 - 516.

[6] Zhang J, Zhu H, Zhao C. Contact Analysis and Modeling of a Linear Ultrasonic Motor with a Threaded Output Shaft [J]. Journal of Electroceramics, 2012, 29 (4): 254 - 261.

[7] Yamaguchi D, Kanda T, Suzumori K. An Ultrasonic Motor for Cryogenic Temperature Using Bolt - clamped Langevin - type Transducer [J]. Sensors and Actuators, A: Physical, 2012, 184: 134 - 140.

[8] Jeong S, Cheon S, Kim M, et al. Motional Characteristics of Ultrasonic Motor using Λ (lambda) - shaped Stator [J]. Ceramics International, 2013, 39: S715 - 9.

[9] Karnopp D. Computer Simulation of Stick - slip Friction in Mechanical Dynamic System [J]. Journal of Dynamic Systems, Measurement and Control, 1986, 107 (1): 100 - 103.

[10] 唐玉娟，王新杰，王炅. 引信安全系统的直线超声电机设计与试验研究 [J]. 兵工学报，2014，35 (1)：27 - 34.

[11] 姚志远，杨东，赵淳生. 杆结构直线超声电机的结构设计和功率流分析 [J]. 中国电机工程学报，2009，29 (24)：56 - 60.

第4章 双足直线型超声压电驱动器及安全与解除保险装置实验研究

现代战争的实践表明,200~2000m是敌人的主要活动地段,也是对我军威胁最大的地段。近距离战斗仍是战斗的热点所在,因此近程压制火炮——迫击炮,仍将在未来战争中起重要作用。美国地面部队中还是装备了大量的迫击炮,因为迫击炮弹道弯曲、价格低廉、操作简单,是其他武器所无法取代的。目前,俄军摩托步兵师装备120mm迫击炮54门,占师地面火炮总数的57%。由于迫击炮重量轻、结构尺寸小,很多国家的空降师也只装备迫击炮。因此,美、英、法、俄等国家至今仍在研制性能更优良的迫击弹系统。

由于迫击炮多为滑膛,大多数迫击炮弹在膛内非旋或微旋,因此目前机械式迫弹引信安全与解除保险装置主要利用后坐力和空气动力作为执行机构的动力源。迫击炮是用座钣直接承受后坐力的曲射炮,在战场上主要是以其曲射火力压制近距离上的隐蔽目标和暴露目标,由于迫击炮用于打击近距离上的目标,因此它的初速小,现代各国迫击炮的初速均小于400m/s。初速小则膛压低,通常均小于110MPa,因此迫击炮惯性加速度小。较小的飞行速度和惯性加速度使得安全与解除保险装置中执行机构所依赖的后坐力和空气动力均比较小,导致所设计的迫击炮弹引信安全与解除保险装置可靠性较低。另外,相关文献已出现基于电磁驱动的机电式迫弹引信安全与解除保险装置,但存在结构复杂、电磁干扰及电磁线圈易发热等不足。

本章将结合迫击炮弹的特点与超声波压电驱动的优点,利用超声压电驱动器通电带动滑块产生位移来达到解除保险的目的。首先对双足超声压电驱动的安全与解除保险装置进行样机设计,然后对所设计的安全与解除保险装置中的超声波压电驱动机构的相关性能进行了试验测试。

4.1 双足直线型超声压电驱动的安全与解除保险装置结构设计

4.1.1 双足直线型压电驱动的安全与解除保险装置工作原理

以某迫击炮为研究对象,设计了外围尺寸为 $\phi21$ 的引信安全与解除保险装置。设计的安全与解除保险装置结构如图4.1所示,整个装置主要由预压力装

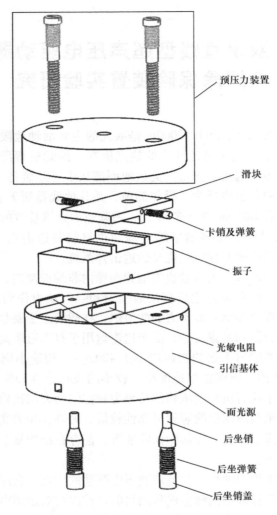

图 4.1 安全与解除保险装置结构图

置、双足超声压电驱动器、卡销结构、后坐销结构、无损检测结构（包括 LED
面光源及光敏电阻，对其详细阐述见 11.3 节）以及引信基体组成。双足超声压
电驱动器安装在引信基体中，预压力装置为双足超声压电驱动器的振子、滑块提
供预压力，使它们紧密接触，从而实现振子微幅振动到滑块直线运动的摩擦传
递。双足超声压电驱动器不工作时，除了滑块与振子间的预压力使二者紧密接触
不会发生滑动外，滑块两侧的卡销也起到对滑块的限制作用。平时卡销的端部卡
在滑块侧面的小孔中，卡销被后坐销固定。弹药发射后，在后坐力作用下，后坐
销克服弹簧的作用力下沉，解除对卡销的限位，卡销在卡销弹簧恢复力的作用下

从滑块孔中撤出，解除对滑块的限制作用。当两道环境信息满足要求时（对两道环境信号的时序逻辑判断见 11.6 节），发出控制信号，超声压电驱动器通电，促使滑块运动。滑块既充当压电驱动器的动子结构，也是引信安全与解除保险装置中的隔爆板，滑块与振子上均有一通孔，当滑块的运动使两通孔对齐时，引信解除保险，当两孔错开时，引信处于安全状态。

4.1.2　引信基体夹持结构

夹持装置不但承担了振子和滑块之间的稳定连接，而且具有加载、调节及稳定预压力的作用。另外，夹持装置提供的支撑直接影响了定、滑块的接触状态。因此，合理的夹持装置对于提高超声压电驱动器的机械性能、稳定性及定位精度至关重要[1]。

振子驱动足处的椭圆运动位移分量很小，仅为几微米，如果在超声压电驱动器运动过程中，振子沿 x、y 方向由于夹持不当引起晃动会导致振子驱动足与滑块接触不良，从而严重影响超声压电驱动器的稳定性及输出性能。超声压电驱动器夹持装置一般在振子节面处支撑，以便能最大限度地减小夹持对振子驱动足高频振动的影响。所设计的理想夹持模型要求限制振子沿 x、y 方向微米级位移，并在这两个方向采用合适刚度弹性支撑。文中设计的夹持结构如图 4.2 所示。引信基

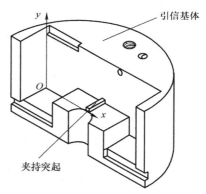

图 4.2　超声压电驱动器夹持结构图

体与预压力装置共同作用对超声压电驱动器产生夹持作用。在超声压电驱动器振子的一阶纵振和二阶弯振公共节平面上开 0.5mm × 0.5mm 槽，与引信基体的夹持突起配合，起到限制 x、y 方向的线位移。振子安装过程中，如果与引信基体为间隙配合会造成振子在夹持突起处的转动，如果配合较紧，容易造成振子在 x 方向与引信基体内壁的刚性接触，影响振子在 x 方向的纵振激发。因此在安装过程中，振子沿 x 方向的两端面与引信基体内壁之间采用薄橡胶弹性垫片，既能对 x 方向的线位移产生约束也不会抑制纵振激发。

4.1.3　预压力装置

由于直线超声压电驱动器定、滑块间的接触模型满足库仑摩擦模型，即预压力一定程度上决定压电驱动器的输出力，预压力的变化将直接导致超声压电驱动器输出性能的波动，因此输出稳定的预压力利于提高超声压电驱动器的稳定性。预压力装置中通常采用弹性元件实现调整、补偿的作用，最大限度地保证驱动器

在工作时间内所受的预压力保持不变[2]。

针对所设计的具体直线型超声压电驱动器，要求其预压力施加装置便于加载和调节预压力，保证定、滑块合理接触，预压力过大，可能会导致滑块卡死，不能正常移动；预压力过小会造成定、滑块间的摩擦力不足，力矩得不到有效传递。同时考虑到引信的特殊结构，预压力施加装置不能影响传爆序列的对正。

1. 预压力结构设计及样机

在样机制作过程中设计了 2 种预压力装置中，分别如图 4.3 及图 4.4 所示。

图 4.3a 所示为预压力施加装置装配之后，轴与轴承过盈配合，轴与轴承位于盖板上的槽内，轴承可自由转动，并且突出盖板平面少许顶在滑块上，盖板上同一圆周方向均布两个凸台孔，弹簧通过螺栓压在凸台孔台阶上，螺栓连接盖板与引信机构。通过控制螺栓旋进的长度来调节弹簧的压缩量，进而调节预压力的大小。超声压电驱动器运行时轴承随着滑块的移动而转动，减小了预压装置与滑块间的接触摩擦力。图 4.3b 所示为加工出来的样机，试验中超声压电驱动器滑块可灵活运动，因此此预压力装置可满足使用要求。

图 4.3 所显示的预压力装置为由上向下施加预压力，图 4.4a 所示预压力装置中为由下向上提供预压力，引信基体中开一个螺纹孔。夹持突起不再与引信基体为一体，而是一个单独结构，螺钉与弹簧配合顶住夹持突起，调节螺钉的旋入深度实现弹簧的输出力。这里的弹簧也可以用弹性橡胶垫圈代替。样机如图 4.4b 所示。实际运行过程中，由于加工误差及精度要求达不到要求，导致超声压电驱动器滑块上表面与盖板之间的摩擦力很大，使得超声压电驱动器在运动过程中发生卡死现象。

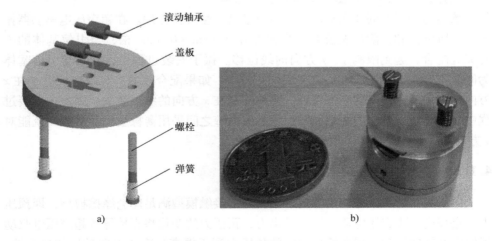

滚动轴承

盖板

螺栓

弹簧

a)   b)

图 4.3　超声压电驱动器预压力装置结构 1 与样机

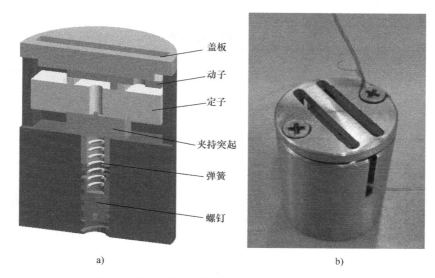

图 4.4　超声压电驱动器预压力装置结构 2 与样机

2. 振动对弹簧元件的影响分析

　　根据实际使用效果，选取第一种方案为预压力装置。盖板中的调节弹簧是预压力的直接施力结构，最大限度地使预压力值保持不变，是整个预压力装置中的关键元件，对调节弹簧进行研究。施加预压力的弹簧在超声压电驱动器工作时处于振动状态，其振动来源主要有两个方面：第一，滑块对振子的高频冲击的反作用力；第二，轴承与滑块接触界面的凹凸不平导致的弹性元件振动。第一种激励属于超声频范围，在其激励下弹性元件的振幅很小，黏性阻尼的大小对振动的影响也很小。第二种激励属于低频随机激励，其频率与施加预压力的弹簧的固有频率是同一数量级的，因此这种激励将导致弹簧产生较大振幅，从而导致预压力的变化[3]。重点研究轴承与滑块接触界面的凹凸不平导致振动对弹簧输出预压力的影响。

　　（1）弹簧元件的结构尺寸

　　预压力结构中的弹簧要满足结构尺寸和载荷要求。安装弹簧的盖板台阶孔直径为 3.7mm，弹簧外径 D_8 不能超过此值；在定载荷条件下工作，要求安装预压力为 5N，弹簧变形产生的最大预压力为 20N，安装变形量与最大预压力下的变形量之差为 5mm。

　　考虑到空间尺寸的限制，选用结构简单，制造方便，刚度稳定的圆柱螺旋压缩弹簧。由于弹簧在一般载荷条件下工作，可以按第Ⅲ类弹簧考虑。现选用Ⅲ组碳素弹簧钢丝。并根据安装弹簧的盖板台阶孔直径为 3.7mm，取弹簧中径 D_2 = 3mm，估取弹簧钢丝直径 d = 0.6mm。查阅机械设计手册计算可得到相关结构参数见表 4.1[4]。

表 4.1 弹簧结构尺寸

弹簧结构变量	参数
弹簧中径 D_2/mm	3
弹簧丝直径 d/mm	0.6
旋绕比 C	5
弹簧内径 D_1/mm	2.4
弹簧外径 D_s/mm	3.6
弹簧工作圈数 n	16
弹簧总圈数 n_1	18
节距 p/mm	1.14
间距 δ/mm	0.54
自由高度 H_0/mm	19
压并高度 H_b/mm	10.5
弹簧刚度 $k_p/(\text{N/mm})$	3
工作极限载荷 F_{lim}/N	20.14

圆柱螺旋弹簧的基本自振频率为

$$v_s = \frac{1}{2\pi}\sqrt{\frac{k_p}{m_s}} \tag{4.1}$$

式中，k_p 为弹簧的刚度；m_s 为弹簧的质量。

弹簧的质量 m_s 可由下式计算得出

$$m_s = \frac{\pi d^2}{4}L\rho \tag{4.2}$$

式中，d 为弹簧丝直径；L 为弹簧的展开长度；ρ 为弹簧的密度。

弹簧的展开长度 L 为

$$L = \frac{\pi D_2 n_1}{\cos\gamma} \tag{4.3}$$

式中，D_2 为弹簧的中径；n_1 为弹簧的总圈数；γ 为螺旋角。

γ 可由下式计算得出

$$\gamma = \arctan\left(\frac{p}{\pi D_2}\right) \tag{4.4}$$

式中，p 为弹簧的节距。

综合以上各式计算得到圆柱螺旋弹簧的基本自振频率为

$$v_{\mathrm{s}} = \frac{1}{2\pi}\sqrt{\frac{k_{\mathrm{p}}\cos\left[\arctan\left(\dfrac{p}{\pi D_2}\right)\right]}{\dfrac{\pi^2}{4}\rho D_2 d^2 n_1}} = 448\mathrm{Hz} \qquad (4.5)$$

（2）振动对弹簧输出预压力的影响

弹簧受迫振动模型如图 4.5 所示。当弹簧系统受到激振力 $F\sin\omega_{\mathrm{r}}t$ 的作用，或其支撑受到激振位移 $A_{\mathrm{e}}\sin\omega_{\mathrm{r}}t$ 的作用时，弹簧系统受迫产生振动的振幅

$$B_{\mathrm{r}} = \frac{A_{\mathrm{e}}}{\sqrt{(1-\lambda^2)^2 + (2\zeta\lambda)^2}} \qquad (4.6)$$

式中，A_{e} 为与激振力幅值 F 相当静力作用下系统的静变形；$A_{\mathrm{e}} = \dfrac{F}{k_{\mathrm{p}}}$，$k_{\mathrm{p}}$ 为弹簧的刚度；λ 为频率比；

$\lambda = \dfrac{\omega_{\mathrm{r}}}{\omega_{\mathrm{s}}} = \dfrac{v_{\mathrm{r}}}{v_{\mathrm{s}}}$；$\omega_{\mathrm{s}}$ 和 v_{s} 为弹簧系统的自振角频率和

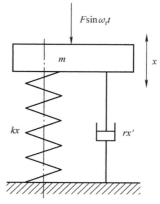

图 4.5　弹簧受迫振动模型

频率；ω_{r} 和 v_{r} 为激振角频率和频率；ζ 为阻尼比，

$\zeta = \dfrac{r}{r_{\mathrm{c}}}$，$r$ 为阻尼系数；r_{c} 为临界阻尼系数；$r_{\mathrm{c}} = 2\sqrt{m_{\mathrm{s}}k_{\mathrm{p}}}$。

（3）滑块表面粗糙度模型

任何复杂的表面粗糙度形貌都可以用多个正弦信号叠加解析，Johnson K L 等[4]较早用正弦波粗糙度波形来分析表面粗糙度。文中选用单个正弦波信号来模拟分析滑块表面粗糙度对轴承振动的影响，假设表面粗糙度由下式描述[5]

$$y_i = R\sin\left(2\pi\frac{x}{\Delta}\right) \qquad (4.7)$$

式中，x 为接触点切向坐标；y_i 为 i 节点处的粗糙度值；Δ 为粗糙度波长；R 为粗糙度幅值。

结合粗糙度相关知识，粗糙度波长 Δ 取为轮廓单元的平均宽度 RS_{m}，粗糙度幅值 R 取为轮廓的最大高度 R_{z}。则式（4.7）可表示为

$$y_i = R_{\mathrm{z}}\sin\left(2\pi\frac{x}{RS_{\mathrm{m}}}\right) \qquad (4.8)$$

根据加工精度取 $RS_{\mathrm{m}} = 1.6\mathrm{mm}$，$R_{\mathrm{z}} = 1.6\mu\mathrm{m}$，图 4.6 所示为式（4.8）的粗糙表面形貌。

（4）滑块表面粗糙度对弹簧输出预压力的影响分析

当超声压电驱动器定滑块间无滑动，则滑块的移动速度等于振子驱动足处切向速度 v_{τ}，由 x 向伸缩振动响应函数为

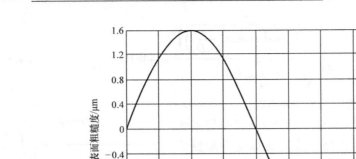

图 4.6　粗糙表面形貌图

$$u(x,t) = U\cos(\frac{\pi}{l}x)\sin(\omega_{usm}t + \alpha) \tag{4.9}$$

得到

$$v_{\tau} = \frac{\mathrm{d}u(x,t)}{\mathrm{d}t} = U\omega_{usm}\cos(\frac{\pi}{l}x)\cos(\omega_{usm}t + \alpha) \tag{4.10}$$

式中，U 为 x 方向伸缩振动位移幅值；x 为振子上任意点到选定原点的 x 方向的距离；l 为振子长度；ω_{usm} 为压电驱动器振子上施加的电压信号角频率；α 为纵振初始频率。

轴承与滑块紧密接触，滑块的运动带动轴承的滚动，因此轴承滚动的切向线速度等于滑块的移动速度 v_{τ}，轴承每秒钟遇到的粗糙度波长个数 n 即幅值为 R_z 的位移载荷频率

$$v_z = n = \frac{v_{\tau}}{RS_m} \tag{4.11}$$

施加在轴承上的位移载荷会通过盖板传给预压力弹簧，使弹簧受到此激振位移的作用时，即激振频率 $v_r = v_z$，激振位移幅值 $A_e = R_z$。在此激振位移的作用下，由式（4.6）得到弹簧系统受迫产生振动的振幅如下

$$B_r = \frac{R_z}{\sqrt{(1 - \lambda^2)^2 + (2\zeta\lambda)^2}} \tag{4.12}$$

式中，$\lambda = \dfrac{U\omega_{usm}\cos(\frac{\pi}{l}x)\cos(\omega_{usm}t + \alpha)}{v_s RS_m}$，其余变量参照上文。

弹簧系统受迫产生振动的振幅与位移载荷振幅比如下

$$\frac{B_{\rm r}}{R_{\rm z}} = \frac{1}{\sqrt{(1 - \lambda^2)^2 + (2\zeta\lambda)^2}} \tag{4.13}$$

振幅比 $\dfrac{B_{\rm r}}{R_{\rm z}}$、频率比 λ 与阻尼比 ζ 的关系如图 4.7 所示。

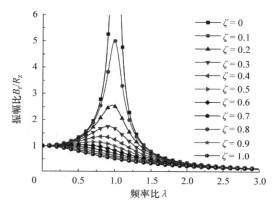

图 4.7　振幅比 $B_{\rm r}/R_{\rm z}$、频率比 λ 与阻尼比 ζ 的关系图（见彩图）

由图 4.7 可得到当 $\lambda \ll 1$，即激振频率相对于弹簧自振频率很低时，振幅比 $B_{\rm r}/R_{\rm z}$ 约等于 1，受迫振动响应振幅与静变形量 f 相当；当 $\lambda \gg 1$，即激振频率相对于弹簧自振频率很高时，振幅比 $B_{\rm r}/R_{\rm z}$ 约等于 0，受迫振动响应振幅很小；在 $\lambda \ll 1$ 和 $\lambda \gg 1$ 两个区域内，振幅比曲线比较密集，说明该两处区域内受迫振动的响应振幅受阻尼比的影响较为迟钝；当 $\lambda \approx 1$，即激振频率与弹簧自振频率几乎相当时，系统在该区域产生共振，受迫振动响应振幅迅速增大，特别是 $\zeta = 0$ 时，振幅比 $B_{\rm r}/R_{\rm z}$ 趋于无穷大，但该区域内受迫振动的响应振幅受阻尼的影响很敏感，增加阻尼可以使响应振幅迅速下降。对于有阻尼系统（即 $\zeta \neq 0$ 时）振幅比 $B_{\rm r}/R_{\rm z}$ 的最大值并不是出现在 $\lambda = 1$ 处，而是在 $\lambda = 1$ 稍微偏左处，即 $\lambda = \sqrt{1 - 2\zeta^2}$；当 $\zeta > 1/\sqrt{2}$ 时，振幅比 $B_{\rm r}/R_{\rm z}$ 小于 1，受迫振动响应振幅无极值。当 $0 < \zeta < 1/\sqrt{2}$ 时，在频率比 λ 相同条件下，振幅比峰值随阻尼比 ζ 的增大而减小。

为避免弹簧受迫振动振幅过大影响输出的预压力，应适当增大系统的阻尼比 ζ，同时避免弹簧系统的自振频率和激振频率相等。

（5）验算接触振动对设计弹簧的影响

针对本结构的频率比：

$$\lambda = \frac{U\omega_{\rm usm}\cos\left(\dfrac{\pi}{l}x\right)\cos(\omega_{\rm usm}t + \alpha)}{v_{\rm s}RS_{\rm m}} \tag{4.14}$$

由于 ω_{usm} 为压电精密驱动器振子上施加的电压信号角频率，$\omega_{usm} = 2\pi\upsilon_{usm}$ 且 $\upsilon_{usm} \approx 90\mathrm{kHz}$；根据有限元分析计算得到此压电精密驱动器振子驱动足处 $U = 0.436\mu\mathrm{m}$，计算得到 $\lambda_{max} = 0.34$。

由图 4.7 可知在 $\lambda_{max} = 0.34$ 处，振幅比 B_r/R_z 都集中在 $1 \sim 1.5$ 之间，即弹簧系统受迫产生振动的振幅 $B_r = (1 \sim 1.5)R_z$，根据加工精度 $R_z = 1.6\mu\mathrm{m}$，所以 $B_r = (1.6 \sim 2.4)\mu\mathrm{m}$。一般情况下，滑块表面的粗糙度都在 $\mu\mathrm{m}$ 级，弹簧系统因滑块表面粗糙度受迫产生振动的振幅也为 $\mu\mathrm{m}$ 级，对弹簧输出预压力的平稳性影响不大，因此所设计的结构能够满足输出平稳预压力的要求。

4.1.4 振子加工工艺

振子是超声压电驱动器的关键部件，对振子的加工精度要求很高，尤其是对两相模态频率一致性影响较大的尺寸参数的精度要求更高。此外，振子与压电陶瓷的黏结面平面度要求很高，以保证与压电陶瓷片的良好黏结，避免在超声压电驱动器工作过程中出现压电陶瓷片的断裂。此外，压电陶瓷与振子的黏结十分重要。黏结层材料特性、厚度及粘贴工艺都会影响压电陶瓷的粘贴效果[6]。当黏结胶层弹性模量很小时，黏结胶层对压电片的应变输出有吸收隔离作用，压电片的输出无法完全传递到振子基体上，从而降低振子表面质点的振动幅值，反之当黏结胶层弹性模量过大时，胶层相当于一个刚性约束作用在压电片上，从而降低了压电片的输出，导致振子表面质点振动幅值下降。因此选用适当弹性模量的黏结剂有利于增加超声压电驱动器振子的振动位移幅值，从而增加定、滑块之间的摩擦驱动力，提高超声压电驱动器的输出力。另一方面，如果黏结胶层太厚，虽然可以黏结很牢，但可能使压电陶瓷片与振子不导通，能量从压电陶瓷片到振子金属体的传递过程中，会有更大的损失。在给振子施加同样的电压前提下胶层太厚会降低施加在压电陶瓷上的电场，且不利于压电陶瓷产生热量的散发；如果胶层太薄，又很难保证压电陶瓷片和金属体的牢固黏结。通常压电陶瓷片与振子黏结层的厚度是 $3 \sim 5\mu\mathrm{m}$。采用合理的黏结工艺，有效地控制胶层厚度和均匀性，提高黏胶层的抗剪切能力。采用最多的黏胶剂为环氧胶黏剂，胶黏工艺包括表面处理、烘干、胶黏和加压固化。胶黏前振子弹性体和压电片的胶黏面均需打磨处理；胶黏时，在保证不缺胶的前提下，胶层薄些较好。

超声压电驱动器的激励信号是由连接在压电陶瓷电极上的引线输入。引线方式有两种：焊接和粘接。焊接时，压电陶瓷电极表面应无油脂和灰尘，烙铁的温度应该低于 $250℃$，焊接时间要尽量的短，选用直径 $0.2\mathrm{mm}$ 的焊锡丝，焊接点的直径应小于 $3\mathrm{mm}$。焊接引线的方式比较灵活，但若处理不好，容易引起电极面银层的破坏或者由于焊接温度过高引起压电陶瓷局部退极化。除此之外，也可以采用粘接的方式，使用导电环氧胶将引线连接到电极面上。文中采用焊接的连接方式。

4.1.5　滑块摩擦材料的贴涂

超声压电驱动器通过振子与转子之间的摩擦作用传递运动，其性能很大程度上取决于振子与滑块摩擦接触表面的状态。多数情况下振子与滑块均为金属材料，金属相互接触形成的摩擦副效果较差，容易导致摩擦剧烈产生噪音，并伴随着摩擦生热接触表面温度升高，从而影响超声压电驱动器性能。通常在超声压电驱动器振子或滑块表面上添加摩擦材料，使定滑块的接触状态得到改善。所采用的摩擦材料应该满足合适的摩擦系数、耐磨性、摩擦噪声低、适当的硬度、耐高低温以及耐振动冲击等特性。

目前摩擦材料主要有橡胶基、树脂基、粉末冶金基、陶瓷涂层等。其中的聚四氟乙烯基摩擦材料应用较多，是由基体内添加硬度调节剂，摩擦改进剂和导热剂制成的复合材料。超声压电驱动器使用聚四氟乙烯基摩擦材料是由于其良好的减震降噪性能和填加适量填料后改进了定滑块的接触变形量。粘涂型摩擦材料是将加有摩擦改进剂、硬度调节剂、导热剂的树脂，涂敷在振子表面[7]。近年来，国内外研制出了多种超声压电驱动器摩擦材料，哈尔滨工业大学的曲建俊提出一种具有增摩结构的摩擦材料设计模型，然后采用表面粘涂法研制一种具有增摩结构的涂层摩擦材料，测得其摩擦系数可高达 0.54[8]。

摩擦材料主要粘贴在滑块上，也有粘涂在振子上。根据摩擦学原理，摩擦力由两种情况产生：两个表面间真实接触面积上产生的黏着力，以及硬表面的微凸体压入软表面所需的变形力。当视振子为刚性体，摩擦材料粘贴在滑块基体上时，接触过程可以简化为硬金属滑块在软聚合物上的滑滚接触。在这种情况下，振子驱动滑块主要经历三个阶段，首先是振子驱动足与滑块接触层相接触，然后压入接触层，最后从接触层中脱离。在预压力的作用下，刚性振子驱动足在接触过程中会压入黏弹性接触层，摩擦材料发生一定程度的塑性变形。振子驱动足在滚滑过程中除了需要克服接触界面的黏着力作用以外，还要对运动方向前方的变形材料产生的一定的犁削作用。当视滑块为刚性体，摩擦材料粘贴在振子基体上，接触过程可以简化为软聚合物滑块在硬金属上的滑动。粘贴摩擦材料的振子驱动足上的接触层与滑块相接触时，接触层经历了接触产生变形，然后分离的过程。在预压力作用下，变形发生在摩擦材料内部，滑块没有变形。在接触过程中，接触层在滑动过程中主要克服接触界面的黏着力作用，作用到滑块上的力主要由接触界面粘着点剪断力产生。因此摩擦材料粘贴到滑块接触面时，摩擦副间获得的摩擦系数大一些[9]。

对于小型的直线超声压电驱动器，常选用 Al_2O_3 陶瓷为摩擦材料，对于旋转型超声压电驱动器一般选择高分子摩擦材料。本双足直线型超声压电驱动器选择

Al_2O_3 陶瓷作为摩擦材料。

4.2 振子样机的频率响应测试

振子样机加工出来后，需要测量它的固有模态频率及振型是否与理论设计一致，从而确定其能否满足工作要求。利用 PSV – 300F – B 型多普勒激光测振系统，对加工出来的超声压电驱动器振子进行了扫频测试，以确定超声压电驱动器实际的工作模态频率。

PSV – 300F – B 型高频扫描激光测振系统由德国 Polytec 公司生产，是目前世界上做结构模态试验最好的仪器之一，其特点是：非接触测量、测试频率范围广 （0 ~ 100kHz）、测量精度高 （位移可测到 nm 级）、测量速度快等。其系统框图如图 4.8 所示。

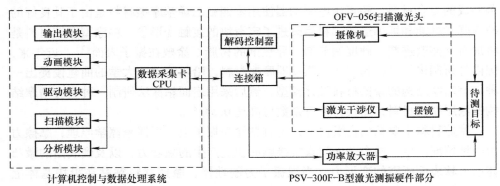

图 4.8　PSV – 300F – B 型高频扫描激光测振系统框图

由图可知，该系统由硬件和数据处理软件两大部分组成，其中硬件核心为一台高精度激光干涉仪。试验时，计算机的扫描模块产生数字信号，经过连接箱的 D/A 变换成模拟信号，该信号经功率放大器放大成适当的激励电压施加到待测目标上 （即超声压电驱动器振子的压电陶瓷元件上），从而使振子产生振动，并依据振子的振动模态图或振型曲线，进行功率放大的调节，直至出现振子的工作模态。同时扫描激光头内的干涉仪输出稳频激光束照射到处于振动状态的被测目标的表面上，并收集从被测目标上返回的散射激光。返回光线由于多普勒效应产生了一定的频率变化，在扫描头内与参与光束发生干涉，产生正比于被测目标振动速度的多普勒频移信号。光电检测仪记录下这些干涉信号，经解码器处理并输出模拟电压信号。再经过连接箱内的高速 A/D 变换后进入计算机进行数据处理，最终在计算机显示器上显示出被测物体的不同振型及幅频曲线。其中，对振子的扫描、测量是通过激光干涉仪前的一对高速摆镜来实现的。另外，该测振系统中的驱动模块将产生的数字信号，经连接箱的 D/A 变换，转换成模拟信号，驱动摄像机对振子的振动模态图进行拍摄，并将拍摄的模态振型图经解码器处理后输出模拟电压信号，再经过连接箱内的 A/D 变换后，最终在计算机显示器上显示出振子的不同振型图。

利用此激光多普勒测振系统对文中设计的超声压电驱动器振子进行模态试验，测量结果如图 4.9 所示，测试过程中压电陶瓷上施加的两相信号电压为 40V，0.05A。

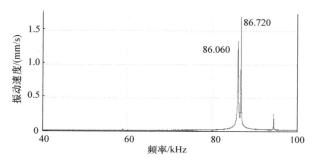

图 4.9　振子频率响应曲线

在多普勒激光测振仪扫频过程中，对振子施加频率为 86.06kHz 的正弦驱动电压时，测得振型如图 4.10 所示。可以观察到两驱动足表面颜色不同，且颜色交替变换，即代表两驱动足振动位移方向相反。从而说明在该频率驱动电压作用下振子的振型为二阶弯振，两驱动足分别在二阶弯振的波峰波谷处。并由此测得驱动足上的弯振幅值达到400nm。

图 4.10　振子二阶弯振振型（见彩图）

测试过程中振子上施加频率为 86.72kHz 的正弦驱动电压时，激光测振仪测得振型如图 4.11 所示（由于纵振位移发生在沿振子长度方向，因此测试时需将振子立起来）。试验中可以观察到振子端面颜色交替变化，代表振子不停伸缩振动，说明在该驱动电压信号下振子的振型为一阶纵振。由此测得振子的纵振幅值达到500nm。

图 4.11　振子一阶纵振振型（见彩图）

　　扫频结果与优化结构有限元分析结果对比见表 4.2。扫频得到的一阶纵振频率为 86.06kHz，二阶弯振频率为 86.72kHz，两相工作模态频率相差 0.66kHz，可以满足设计要求。

表 4.2　扫频结果与优化结构有限元分析结果对比

	f_{E1}/kHz	f_{B2}/kHz	$\Delta f/kHz$
优化结果	90.037	90.151	0.114
扫频结果	86.720	86.060	0.660
$\Delta f_2/kHz$	3.317	4.091	

　　测试结果与有限元分析结果有些差异，分析原因主要有以下几方面：①利用有限元软件进行计算时，整个振子作为整体结构，但实际结构中，压电陶瓷元件和金属弹性体是通过黏胶材料粘结在一起的；②存在材料和加工方面的误差，两片压电陶瓷安装的对称性也会对测试结果有影响；③实际条件下超声压电驱动器的边界条件情况复杂，并不是有限元分析时理想的自由边界条件。

4.3　双足直线型超声压电驱动器的机械性能测试

4.3.1　速度测试

1. 速度测试平台

　　超声压电驱动器的速度是其十分重要的一个性能指标，尤其是在文中引信这一特殊的应用场合，其运动速度的快慢直接影响解除保险动作的快慢，关系到解除保险时间。因此本节对安全与解除保险装置样机中超声压电驱动器的运动速度进行测试，测试平台如图 4.12 所示。该测试平台包括计算机、KEYENCE LK－H020 型激光位移传感器、控制器、示波器和功率放大器。进行速度测试时，功率放大器输出两路同频相位差为 90°的正弦信号，通过调节频率大小和驱动电压幅值可得到不同驱动信号下超声压电驱动器的多次往返位移响应；利用激光位移传感器测出滑块的位移响应，通过滑块位移响应曲线分析最终得出滑块的运行速度。因此激光位移传感器为速度测试平台的核心传感器。

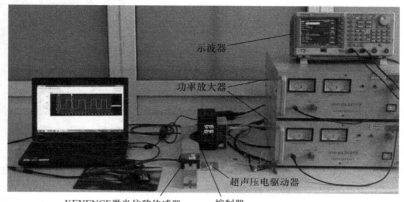

图 4.12　超声压电驱动器速度测试平台

图 4.13 所示为 KEYENCE LK－H020 型激光位移传感器结构，它由光亮调整引擎、线性准直镜、圆柱形物镜、RS－CMOS、Delta cut技术和降低畸变影响的组合物镜组成。光亮调整引擎功能为调整获得敏感的光量，线性准直镜的设计目的是聚焦光点，同时消除不规则的光束，圆柱形物镜形成十分规则的椭圆形光点，在整个测量范围内光点宽度始终保持不变，RS－CMOS 控制像素宽度和数量，最大限度的发挥位移传感器的性能，Delta cut 技术通过对称放置 CMOS 元件、接受光物镜和接收光滤光片，将光学畸变所带来的影响降至最低，降低畸变影响的组合物镜专为最大限度的发挥RS－CMOS 的性能而设计。

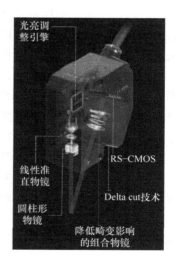

图 4.13　KEYENCE LK－H020 型
激光位移传感器结构

　　该激光位移传感器的测量范围为 20±3mm，考虑到滑块的最大位移为 5mm，因此该位移传感器完全可以满足测量要求。KEYENCE LK－H020 型激光位移传感器的测量原理为使用三角形测量法检测RS－CMOS 发射光的位置，通过检测该变化就能测量目标物的位置，测量原理如图 4.14 所示。控制器通过 USB 与计算机连接，其内带显示器可观察测试过程中位移大小的变化。

2. 测试结果及分析

图 4.15 分别显示的是在不同驱动电压和驱动频率情况下激光位移传感器测得的超声压电驱动器滑块运动情况，图中曲线上升段表示滑块由一端运动到另一端过程，曲线平台部分表示滑块停止运动（此时变换两相电压信号），曲线下降段表示超声压电驱动器滑块返回初始位置过程。从图 4.15 可以看出在四种不同驱动电压和驱动频率情况下，超声压电驱动器滑块运动过程中基本平稳；驱动电压信号频率为 86.57kHz 时，位移曲线平台处出现比较明显的毛刺现象，主要是因为不同驱动电压和频率下，滑块的运行速度不一样，在频率为 86.57kHz，峰峰值为 40V 的电压信号的驱动下，为了保持滑块运动的灵活，所施加的预压力比较小，滑块快速运动到一端时由于撞上引信基体边界被弹回少许位移

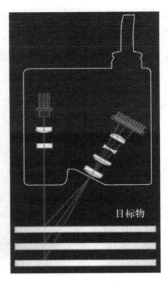

目标物

图 4.14 测量原理

从而形成毛刺现象。由此也可以看出超声压电驱动器的运动效果与驱动电压和频率关系密切，在合适的驱动电压和频率下，滑块可实现灵活往复运动。

分析运动效果最佳的情况，图 4.16a 显示的是施加正弦电压峰峰值为 80V，频率为 86.54kHz 时滑块往返 15 次的位移响应，滑块运行平稳，往返灵活。滑块往返一次位移曲线的平台部分为滑块停止阶段，曲线的上升段与下降段为滑块往返过程，因此上升段或下降段的斜率即为滑块的运动速度。为了便于分析滑块的运动速度，将滑块位移曲线上升阶段进行放大如图 4.16b 所示。

实验得到大量位移与时间数据，将位移 (s) 看做时间 (t) 的函数，超声压电驱动器滑块做匀速直线运动，则滑块运动模型可表示为

$$s = \beta t + \alpha \qquad (4.15)$$

由最小二乘法

$$\beta = \frac{\sum (t_i - \bar{t})(s_i - \bar{s})}{\sum (t_i - \bar{t})^2} \qquad (4.16)$$

$$\alpha = \bar{s} - \beta \bar{t} \qquad (4.17)$$

对不同情况进行数据处理得到一系列 β、α 值，β 即为超声压电驱动器滑块运行速度。由实验数据及运动模型得到超声压电驱动器滑块的最大速度为 88.2mm/s，由于单程最大位移为 5mm，因此单程运动时间为 0.057s，即为安全与解除保险装置的解除保险时间为 0.057s，满足引信解除保险时间要求。

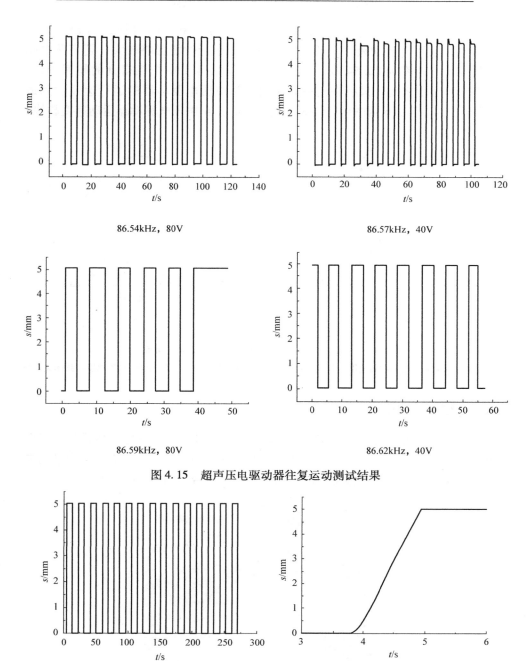

86.54kHz, 80V

86.57kHz, 40V

86.59kHz, 80V

86.62kHz, 40V

图 4.15　超声压电驱动器往复运动测试结果

a)

b)

图 4.16　超声压电驱动器滑块运动位置与时间关系

a) 滑块往返 15 次的位移响应　b) 滑块位移曲线上升阶段放大图

由上述数据处理得到不同驱动电压和驱动频率下的滑块运行速度，如图 4.17 所示。可见驱动频率对超声压电驱动器运行性能影响较大，超声压电驱动器最佳工作频率为 86.54kHz，该频率值位于表 4.1 中扫频得到的超振子纵、弯模态频率范围之间。只有在这一频率时，超声压电驱动器的运行速度达到最大。对比图 4.17a、b 两图可得到驱动电压越高，超声压电驱动器运动速度越快。

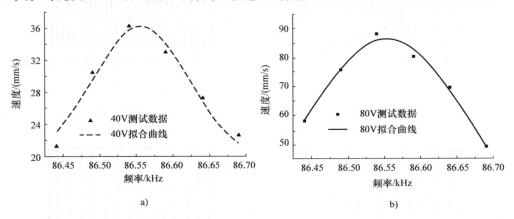

图 4.17　超声压电驱动器速度与驱动频率的关系

a）驱动电压为 40V 时压电驱动器速度与频率关系曲线　　b）驱动电压为 80V 时压电驱动器速度与频率关系曲线

4.3.2　输出力测试

滑块的输出力是超声压电驱动器驱动性能的重要指标，决定了所设计的安全与解除保险装置能否抵抗从勤务处理到发射过程中的一系列环境力。文中借助弹簧元件对超声压电驱动器输出力进行测试，测试平台如图 4.18 所示。

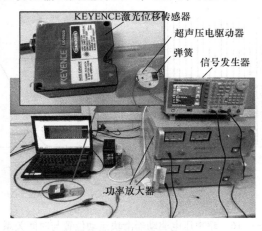

图 4.18　输出力测试平台

超声压电驱动器滑块一端固连一柔性弹簧，弹簧另一端固连在引信基体上，初始状态时，弹簧处于原长，长度为超声压电驱动器单行程位移 5mm。超声压电驱动器运动时，滑块压缩弹簧产生变形，采用 KEYENCE 激光位移传感器测量弹簧压缩变形量，为了观察超声压电驱动器具体的内部测试结构，显示弹簧所在位置，移去预压力装置，如图 4.18 中放大部分所示，但在实际测试中包括预压力装置。由弹簧刚度和压缩变形量可计算得到超声压电驱动器在最优工作频率 86.54kHz，施加信号电压峰峰值为 80V 条件下最大输出力为 2.3N。

4.4　本章小结

本章介绍了基于双足直线型超声压电驱动器的安全与解除保险装置样机，包括超声压电驱动器夹持结构、超声压电驱动器预压力施加装置及其零部件的设计，分析了超声压电驱动器振子的超声振动对预压力装置中弹簧元件的影响。分析了超声压电驱动器振子的加工工艺，包括振子的加工精度、压电陶瓷与振子的黏结以及压电陶瓷电极上的引线方式。分析了滑块摩擦材料的种类及贴涂方式。

对振子进行了扫频测试和振动模态测试，得到了超声压电驱动器的两相工作模态，且两相频率接近，验证优化结果的正确性。在 $V_{pp} = 80V$，$f = 86.54kHz$ 的两相相位差为 90° 的正弦信号激励下，超声压电驱动器的速度为 88.2mm/s，滑块行程为 5mm 时所需时间为 0.057s，即为隔爆机构对正时间。对超声压电驱动器进行了输出力测试，滑块为超声压电驱动器的组成部分，同时也是超声压电驱动器的负载，试验中观察到滑块正反向灵活运动，超声压电驱动器在驱动负载灵活运动的情况下净输出力为 2.3N，因此超声压电驱动器满足设计的功能要求。将双足直线型超声压电驱动器应用在引信安全系统中，为传统的引信设计引入了新的思想，具有较大的工程意义和价值。

参 考 文 献

[1] 于会民，陈乾伟，黄卫清. 柔性铰链结构夹持的直线型超声电机 [J]. 微电机，2011，44 (3)：1 – 4.

[2] 于会民，王寅，陈乾伟，等. 双层板簧夹持的直线型超声电机 [J]. 压电与声光，2011，33 (1)：89 – 92.

[3] 于会民. V 形直线超声电机弹性夹持装置的研究 [D]. 南京：南京航空航天大学，2011.

[4] Johnson K L, Gray G G. Development of Corrugations on Surfaces in Rolling Contact [J]. Proceedings of the Institution of Mechanical Engineers，1975，189 (1)：45 – 58.

[5] 汪久根，王庆九，章维明. 表面粗糙度对轴承振动的影响 [J]. 轴承. 2007 (1)：23 – 25，30.

[6] 王光庆，沈润杰，郭吉丰. 超声波电动机胶黏技术及其对定子特性的影响 [J]. 机械工程

学报，2006，42（9）：91 – 96.

［7］曲焱炎，曲建俊. 超声电机各向异性摩擦材料制备及驱动试验［C］// 第十三届中国小电机技术研讨会论文集，上海，2008：331 – 336.

［8］曲建俊，王彦利，曲焱炎，等. 具有增摩结构的超声电机涂层摩擦材料［C］// 第十三届中国小电机技术研讨会论文集，上海，2008：326 – 330.

［9］曲建俊，王彦利，孙凤艳. 摩擦材料粘贴方式对超声电机摩擦驱动特性的影响［C］// 第十三届中国小电机技术研讨会论文集，上海，2008：321 – 325.

第5章   引信环境对双足直线型超声压电 驱动器的影响研究

引信是利用环境信息、目标信息或平台信息确保弹药勤务和弹道上的安全，按预定策略对弹药实施起爆控制的装置[1]。引信安全系统是引信中为确保平时及使用中安全而设计的，主要包括对爆炸序列的隔爆、对隔爆机构的保险和对发火控制系统的保险等，安全系统在引信中占有重要地位[2]。

作为弹药"探测与控制"系统的引信，与一般的机械装置和电子设备相比所经历的环境不仅复杂而且十分恶劣，通常引信环境是指引信在全寿命周期内可能经受的特定物理条件的总和。引信从制成成品出厂到引燃或引爆弹药的整个生命周期中，要经受许多环境条件的影响，例如高低温、潮湿、盐雾、淋雨、霉菌、磕碰、振动、冲击、旋转、迎面空气阻力、目标阻力以及电磁和地磁环境[2]。一方面，引信通过感知这些环境信息来判断和识别引信自身的状态，作为控制引信工作的信息来源，并且可以利用部分环境力作为引信机构工作的能源，完成相应的动作；另一方面，有些干扰环境将对引信产生有害的作用，破坏引信正常工作，造成瞎火、早炸，甚至膛炸等。因此要合理利用有益的引信环境，同时防止有害环境对引信结构的破坏。

引信全寿命周期内作用的环境因素很多，该直线型超声压电驱动器能否承受这些因素的危害是其能否正常工作的前提，本章将对引信勤务处理和发射过程中典型的环境力对双足直线型超声压电驱动器的影响进行，并给出计算结果。

5.1   勤务处理中双足直线型超声压电驱动器遭受跌落冲击 分析

在勤务处理中，引信会受到振动、冲击和磕碰。引信零件除受到直接的撞击力外还会受到因振动和冲击所产生的相对于引信体的冲击惯性力。当力的方向与引信零件解除保险运动方向一致时，这些力的危害最大。正常情况下，勤务处理时后坐销、卡销对双足直线型超声压电驱动器的滑块起到约束作用，可抗跌落冲击；为了提高所设计的压电驱动式安全与解除保险装置在勤务处理时的安全性，即使卡销不对滑块约束，由于振子和滑块通过预压力紧密接触，不通电时振子、滑块间的静摩擦力可充当自锁力，对勤务处理过程的跌落冲击仍然具有一定的抗冲击性。

在勤务处理过程中,最不利的一种情况如图5.1所示,惯性力 F 与双足直线型超声压电驱动器自锁力 F_1 在一条直线上,且作用方向相反。假设勤务处理情况下引信零件由15.25m高度落向钢板,取其冲击惯性加速度 a 峰值为12000g,持续时间为100μs,关系曲线如图5.2所示。仿真计算过程中,振子与滑块间预压力为10N,摩擦系数取0.5[3],计算结果如图5.3所示,图5.3a为滑块位移随时间变化的曲线,滑块在加速度脉冲信号结束时发生的最大位移为0.3mm;图5.3b为惯性加速度消失后滑块所处位置(黑色轮廓线为滑块发生位移前的位置),可见隔爆机构仍处于安全状态;图5.3c为惯性加速度对压电陶瓷片的影响,陶瓷片最大应力值出现在51.55μs处,稍滞后于加速度峰值出现时间,最大应力值为62.1MPa,小于压电陶瓷的弯曲强度80.91MPa[4],说明该机构能够抵抗勤务处理中15.25m高度落向钢板的冲击惯性力。

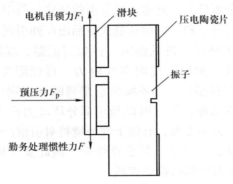

图 5.1 压电驱动器跌落受力分析

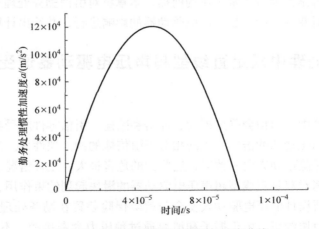

图 5.2 勤务处理情况下惯性加速度曲线

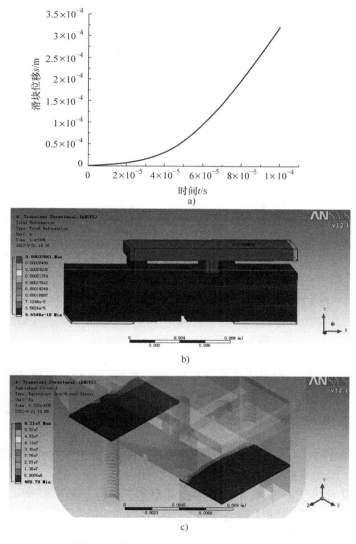

图 5.3　惯性加速度作用结果（见彩图）
a）滑块位移随时间变化的曲线　b）惯性加速度消失后滑块所处位置　c）惯性加速度对压电陶瓷片的影响

5.2　弹丸发射高速动态条件下双足直线型超声压电驱动器抗过载特性分析

在弹丸发射过程中，引信内部零件可能受到多种作用力，归纳起来主要包括后坐力、离心力、切线惯性力、哥氏惯性力等。考虑上述作用力下引信内部零件

在膛内的运动方程为[2]

$$m\,\frac{\mathrm{d}\vec{v}'}{\mathrm{d}t} = \vec{F}_\mathrm{s} + \vec{F}_\mathrm{c} + \vec{F}_\mathrm{t} + \vec{F}_\mathrm{co} \tag{5.1}$$

式中，m 为引信零件的质量；$\mathrm{d}\vec{v}'/\mathrm{d}t$ 为引信零件轴向运动加速度；$\vec{F}_\mathrm{s}$ 为后坐力；$\vec{F}_\mathrm{c}$ 为离心力；$\vec{F}_\mathrm{t}$ 为切线惯性力；$\vec{F}_\mathrm{co}$ 为哥氏惯性力。

发射时，引信零件所经受三个力 F_s、F_c、F_t 的方向如图 5.4 所示。

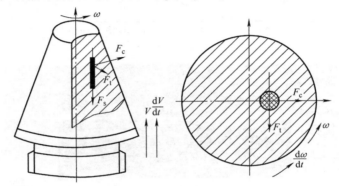

图 5.4　发射时引信零件受到的力

其中离心力和后坐力常用做解除保险的环境力，对引信内部零件影响较大，着重考虑这两种力对压电驱动器的构件影响。

5.2.1　离心力对压电驱动器的影响

弹丸做旋转运动时，质心偏离弹丸转轴的引信零件受到与向心加速度方向相反的惯性力，即为离心力 F_c，忽略滑块上开孔的影响，假设滑块质心在未开孔时结构的对称位置点 C 处，点 O 为弹轴位置，l 为滑块质心与载体转轴的距离，如图 5.5 所示。

解除保险过程，滑块向左运动，受到与运动方向相反的离心力 F_p 作用，初始位置时滑块受到的离心力 F_c 最大，滑块不断向左运动，l 逐渐减小，所受离心力逐渐较小，在点 C 与点 O 重合处 F_c 为 0，此后滑块继续运动过程中，所受离心力反向，成为滑块运动的动力。滑块运动到位后由于继续受到离心力的作用，会保持

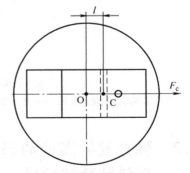

图 5.5　压电驱动器滑块所受离心力示意图

在所在位置而不会滑开。设滑块所受的最大离心力 F_cmax，滑块的质量 $m =$

$3.024 \times 10^{-4} kg$，初始位置时 $l = 2.5 \times 10^{-3} m$，弹丸转速 n 为 15000r/min 时

$$F_{cmax} = m \left(\frac{2\pi n}{60} \right)^2 l = 1.87 N \qquad (5.2)$$

也就是说滑块所受到最大离心力小于压电驱动器的最大输出力为 2.3N，满足使用条件。

5.2.2　后坐力对压电驱动器的影响

1. 理论分析

后坐力是引信解除保险的重要环境力之一，同时也是可能造成引信爆炸元件自炸及零件破坏的主要环境激励。对于一定的火炮、弹丸和发射装药，零件受到的后坐力与膛压成正比，因此零件的运动加速度亦与膛压成正比。引信后坐力 F_s、膛压 P 与时间 t 的关系曲线如图 5.6 所示。图中 p_g 表示弹丸运动至炮口处时的膛压。一般用最大后座过载系数 K_1 表示零件所受后坐力的猛烈程度。K_1 为发射时引信零件受到的最大后坐力与该零件重力的比值，表达式为

$$K_1 = \frac{(F_s)_{max}}{P} = \frac{m(dv/dt)}{mg} = \left(\frac{dv}{dt} \right)_{max} / g \qquad (5.3)$$

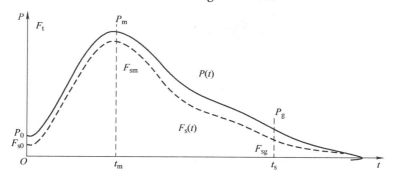

图 5.6　后坐力 F_s、膛压 P 与时间 t 的关系曲线

压电驱动器依靠压电陶瓷的激励工作，压电陶瓷是压电驱动器的核心部件，其在引信发射过程中抗过载性能十分重要。由于压电陶瓷材料脆性大、韧性低等固有弱点，其能否耐受高过载冲击成为问题的关键。根据引信后坐力 F_s 与时间 t 的关系拟合出后坐加速度与时间关系曲线，如图 5.7a 所示，峰值取为 $1.5 \times 10^5 m/s^2$，即最大后座过载系数 $K_1 = 1.5 \times 10^4$。后坐加速度沿 Z 方向（即弹轴方向）施加在粘贴有陶瓷片的振子弹性体上，如图 5.7b 所示。

利用有限元软件 ANSYS 对振子弹性体和压电陶瓷片的受力情况进行分析。有限元计算过程中，约定压电陶瓷与振子弹性体的约束关系为绑定，引信基体的凸台部分跟振子接触为摩擦接触，摩擦系数为 $0.2^{[5]}$。振子弹性体的材料为磷青

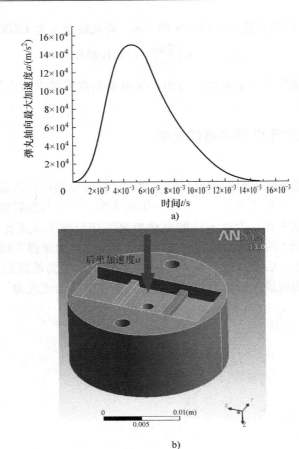

图 5.7 仿真分析中的后坐加速度

a) 后坐加速度与时间关系曲线 b) 后坐加速度在模型上的施加

铜, 压电陶瓷采用 PZT-5, 材料参数见表 5.1。计算得到压电陶瓷整体的应力分布如图 5.8 所示。

表 5.1 材料参数

材料	弹性模 E/GPa	泊松比 μ	密度 ρ/ (kg/m³)
磷青铜	113	0.33	8800
PZT8	35.25	0.31	7650

可以看到压电陶瓷片在靠近引信基体凸台边缘的应力最大, 因此振子的安装位置对陶瓷片承受加速度载荷的能力有很大的影响, 应避免陶瓷片与引信基体凸台边缘硬接触。压电陶瓷片的应力峰值出现在加速度峰值处, 为 10.21MPa, 低于压电陶瓷的弯曲强度 80.91MPa[4], 所以压电陶瓷能够承受 15000g 的后坐加

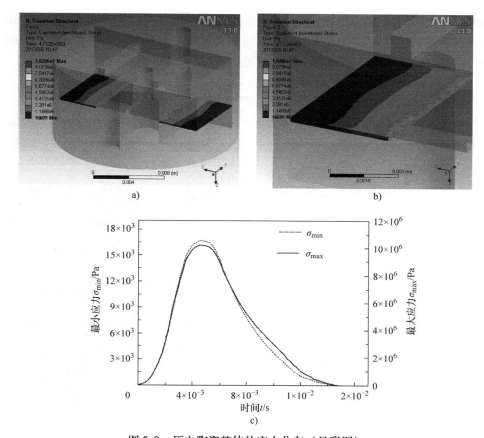

图 5.8　压电陶瓷整体的应力分布（见彩图）

a）压电片整体应力云图　b）压电片整体应力云图局部放大　c）压电片整体应力随时间变化曲线

速度冲击。

2. 冲击试验验证

为了验证压电陶瓷能够承受 15000g 的后坐加速度冲击，本部分将采用 AVEX 公司冲击试验台对引信保险机构装配体进行加速度冲击试验。AVEX 冲击试验台主要应用于航空航天、仪器仪表工业、通信领域、军事领域、电子元器件领域等的例行冲击试验，满足美国军用标准对冲击实验的规范要求。本仪器用于模拟和重现实际环境对所测样品的影响，确定所测样品在运输、粗鲁搬运、军用操作、野外工作中可能经受到的非重复性的冲击作用时的适应能力和结构的牢固性，对这些冲击可能破坏所测样品的外观、电性能和机械性能稳定性进行测试。

图 5.9 所示为冲击试验测试平台，通过调整冲击台的高度和压强得到不同的冲击加速度，本次试验对引信保险机构装配体共做了 7 次冲击试验，加速度传感器测得数值分别为 5031.94g，6414.04g，8410.89g，10688.04g，12872.96g，

14649.19g，15911.49g，冲击加载的步距约为2000g，加速度信号分别如图5.10所示。每次冲击试验后，对压电驱动器施加工作电压信号，均能正常工作，证明设计的双足直线型超声压电驱动器能够抵抗15000g后坐冲击加速度。

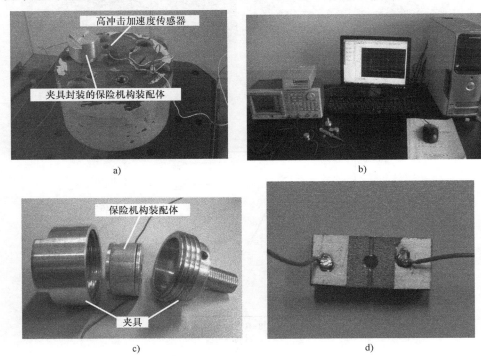

图5.9　冲击试验测试平台

a）冲击试验台　b）信号采集　c）引信保险机构与夹具　d）冲击试验后的振子结构

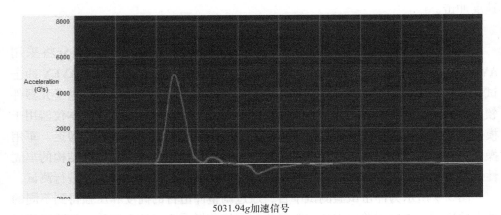

5031.94g加速信号

图5.10　冲击试验加速度信号

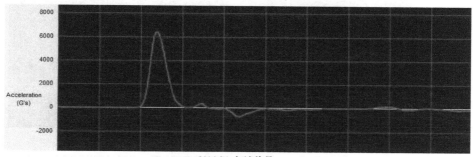

6414.04g加速信号

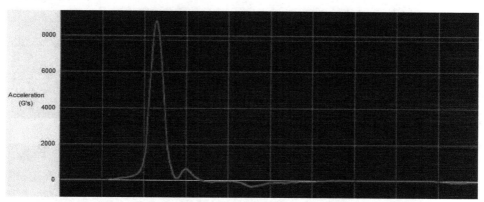

8410.89g加速信号

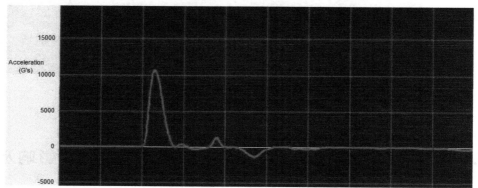

10688.04g加速信号

图 5.10　冲击试验加速度信号（续）

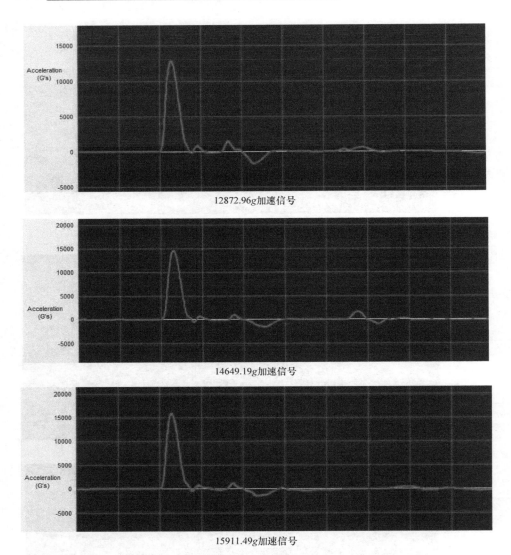

12872.96g加速信号

14649.19g加速信号

15911.49g加速信号

图5.10   冲击试验加速度信号（续）

5.3   引信环境热对双足直线型超声压电驱动器的影响及消除

引信环境热主要存在于两个阶段：一是炮弹发射时产生的膛内热，二是战斗部和外挂弹药的飞机在空中飞行时产生的空气动力热。炮弹在发射过程中发射药气体的温度很高，可以高达数千摄氏度。由于发射药气体与炮管的对流放热作用，发射药气体的部分热量会传给炮管，使炮管的温度不断升高。例如，82mm迫击炮在连续快速射击 30 发炮弹后，炮管的温度可达 300℃以上，膛内的温度更高。当弹丸以高速在空中飞行时，弹体与紧贴弹体附近的空气产生摩擦，摩擦产生的热使弹体表面温度升高。空气动力热能引起以 1100m/s 速度出炮口的近炸引信塑料风帽在 0.1s 时间内熔融[6]。

压电陶瓷为超声压电驱动器的主要元件，它在过热的情况下点偶极子就会回到无序状态，压电性能逐渐变坏，当达到材料的铁电相变居里温度时，压电性完全消失，压电陶瓷遭到永久性破坏，必须考虑在引信这一特殊场合环境热对其影响。

压电陶瓷材料，必须在较高温度下不发生结构相变而影响其压电性，且各向性能参数具有较优异的高温使用特性，才能长期处于高温状态下工作而稳定可靠。目前商业化应用的锆钛酸铅体系压电陶瓷的居里温度一般在 250 ~ 380℃[7]。一般来说，压电材料的适用范围往往被限制在其居里温度的一半左右，这样才能保证其压电性能的稳定性，使压电器件能够正常工作[8]。近年来，高温压电陶瓷材料的研究和开发取得了很大进步，通过加入部分添加剂研制出了许多性能优良的高温压电陶瓷，从而消除引信环境热对双足直线型超声压电驱动器的影响[9]：

1）在钛酸铅 $PbTiO_3$（简称 PT）中掺入适量的改性添加物 MnO 获得居里温度 T_c 达到 520℃的高温高频压电陶瓷材料；

2）在钛酸铅 $PbTiO_3$ 系统中添加一定数量 Bi（$Cd_{1/2}Ti_{1/2}$）O_3 得到的压电陶瓷材料不但具有优良的压电性能，而且居里温度 T_c 高于 560℃；

3）采用了少量 Me^{2+} 置换和微量稀土氧化物的掺杂，获得了居里温度较高（550 ~ 560℃），可在 400℃高温下应用，工艺性能和压电性能优良的改性偏铌酸铅高温压电陶瓷材料。

因此，目前压电陶瓷在引信热环境中的使用是具有可行性的，可根据不同使用场合的热环境，采用不同居里温度的压电陶瓷材料。

引信环境热除了对压电陶瓷带来影响，还可能对压电陶瓷与振子之间粘贴的导电胶产生影响。导电胶是一种固化或干燥后具有一定导电性能的黏合剂，通常由热固性胶体、导电粒子以及其他添加剂等组成。热固性胶体为黏弹性高聚物，在由液态转变为固态时，产生体积收缩，从而使导电粒子紧密接触而形成导电通路[10]。导电胶的机械性能以及粘接性能主要由胶体所决定，环氧树脂含有活性基团，粘接性好，内聚强度高，掺混性优异，粘接强度好[11]，因此通常以环氧树脂为胶体制备导电胶。也就是说以环氧树脂为基料，加入固化剂、增强剂、填料等，制备出满足各种使用温度的黏合剂体系，消除环境热对双足直线型超声压电驱动器的影响，可选择如下几种方法获取满足引信环境热的环氧树脂：

1）用羧基液体丁腈橡胶对环氧树脂进行改性得到一种耐高温、高强度、韧性好的黏合剂，可在 200～250℃保持较高的粘接强度；

2）由环氧树脂 100 份，双酚 A – 有机硅缩合物 33.0 份，As_2O_3 32.0 份，铝粉 20.0 份配成的胶粘剂，在 150℃下固化 1h，可在 300℃下长期使用；

3）用有机硅树脂改性环氧树脂获得一种可在 400℃条件下长期使用，短期可耐 460℃高温的黏合剂；

4）在 FB 酚醛树脂的基础上研制而成的 F 系列环氧树脂固化剂可使通用环氧树脂耐 300 – 500℃的高温，瞬时可达 1000℃以上[12]；

5）按 E – 44 环氧树脂：固化剂 = 1∶1，室温下凝胶时间 1h 左右，固化时间 2～3h，制出长期使用温度可达 200℃的环氧树脂胶[13]；

6）采用双酚 A 型环氧树脂与酚醛型环氧树脂复配加入活性增韧剂制出具有良好的工艺操作性、机械加工性以及电性能的高低温优良的环氧树脂胶，可经受 –30～150℃高低温循环 3 次不开裂[14]。

随着科技的发展，更多品种、更高性能的耐热环氧树脂黏合剂将被开发出来，因此不会影响双足直线型超声压电驱动器中环氧树脂导电胶在引信环境中的使用。

5.4　引信湿热贮存环境对双足直线型超声压电驱动器的影响

作为武器系统终端发挥控制功能的引信，平时在后方仓库和部队仓库储存，战时在阵地上储存并一次发射使用。一般要求引信贮存 15～20 年后各项性能仍应合乎要求，零件不能产生影响性能的锈蚀、发霉或残余变形，火工品不得变质，密封不得破坏。引信在储存过程中，环境将会对其性能产生影响。据统计，引起引信失效的原因中，以温度和湿度的影响最为显著[15]。温度是引信全寿命期间时刻感受的环境。大多数材料的物理、化学性能都受温度变化的影响。高温会引起材料热膨胀，加速电子元器件和有机材料老化，加快化学反应速度等等。低温会增加材料的脆性，使产品表面或内部结冰，增大运动部件之间的摩擦等等。温度冲击会使各零部件之间产生不同的膨胀，造成零部件之间的黏结或卡滞；使爆炸序列中的药柱产生裂纹，元器件性能恶化，密封元件出现泄漏等等。温度与其他环境的综合作用，往往会加剧其影响效果，对产品性能的恶化起催化效果[16]。开展引信湿热环境适应性研究的主要途径是进行湿热环境试验，目前我国采用 GJB573.2—1988《引信环境与性能试验方法》所规定的温度和湿度试验方法进行试验。利用双足直线型超声压电驱动器驱动引信时，应考虑到引信贮存中可能对双足直线型超声压电驱动器的不利影响，为引信长期贮存创造良好的条件，尽可能延长引信的使用年限。

　　空气湿度是指空气的潮湿程度，可用相对湿度和绝对湿度来表示。相对湿度是指空气中的水汽压与同温下的饱和水汽压之比，并用百分数表示。绝对湿度是指单位体积的空气中所含水汽的质量。由文献［17］得到温度与湿度之间的关系为

$$\alpha = \frac{1325.87 \times 10^{\frac{7.45t}{235+t}}U}{273.15 + t} \qquad (5.4)$$

式中，U 为相对湿度（%）；α 为绝对湿度（g/m³）；t 为摄氏温度（℃）。

　　湿热试验法是由温度和湿度两种因素综合作用的气候试验，温度与湿度相互影响，湿度的变化受温度影响较明显。

　　文献［18］对双足直线型超声压电驱动器进行了湿热环境试验，试验选用意大利 ACS 公司生产的高低温湿热综合环境试验箱，其可控的温度范围在 $-75 \sim 180℃$ 之间，湿度为 $10\% \sim 98\%$，实际试验中湿热环境条件如图 5.11 所示。试验内容包括双足直线型超声压电驱动器湿热环境试验前后机械特性，双足直线型超声压电驱动器湿热环境下整机性能，振子电学特性及摩擦材料吸湿特性几个方面。试验结果得到双足直线型超声压电驱动器的机械性能相当稳定，表现出对湿热环境的耐受性良好。由于双足直线型超声压电驱动器是利用摩擦驱动，当摩擦材料长时间吸湿时，振子与滑块之间可能会出现黏着现象，导致双足直线型超声压电驱动器无法正常起动，因此文献［18］对摩擦材料的吸湿率进行了检测。

　　依据文献［18］从摩擦材料的吸湿性对双足直线型超声压电驱动器的起动性能方面考虑，对于贮存在湿热环境下的双足直线型超声压电驱动器，宜选择吸湿率低的摩擦材料，以聚四氟乙烯作为摩擦材料基体对双足直线型超声压电驱动器在湿热环境下工作或贮存较适合，其吸湿率仅有 0.1% 。

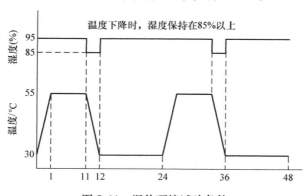

图 5.11　湿热环境试验条件

　　参照相关参考文献并加以分析可知湿热贮存环境对双足直线型超声压电驱动器的机械性能影响较低，对压电驱动器振子与滑块上涂抹的摩擦材料影响较大，因此选择合适的摩擦材料，如聚四氟乙烯，可提高双足直线型超声压电驱动器在湿热贮存环境下的稳定性。

5.5　本章小结

　　本章分析了引信在勤务处理和发射过程中的典型环境力对压电驱动器构件的影响，计算得到，压电驱动器在勤务处理中15.25m高度落向钢板的冲击惯性力的作用下，定滑块间的自锁力使得振子与滑块仍保持紧密接触，滑块发生位移仅为0.3mm，引信安全系统仍处于安全状态；在发射动态过程中，压电驱动器输出力为1.87N时可抵抗弹丸转速为15000r/min下的离心力而使滑块运动到位，实测双足直线型超声压电驱动器输出力为2.3N；在$1.5 \times 10^4 g$的后坐加速度下，压电陶瓷片保持完好无破碎断裂。结果表明，压电驱动器能够承受典型引信环境力的危害，可正常工作。研究分析了引信环境热及湿热贮存环境对双足直线型超声压电驱动器的影响，并提出了消除这些不利影响的相应措施，提高双足直线型超声压电驱动器对环境热及湿热贮存环境下的稳定性。

参 考 文 献

[1] 崔占忠. 引信发展若干问题 [J]. 探测与控制学报, 2008, 30（2）：1-4.

[2] 张合, 李豪杰. 引信机构学 [M]. 北京：北京理工大学出版社, 2014.

[3] 曲建俊, 王彦利, 曲焱炎, 等. 具有增摩结构的超声电机涂层摩擦材料 [C] //第十三届中国小电机技术研讨会论文集, 上海, 2008, 11：326-330.

[4] 冯万里. 纳米复合PZT压电陶瓷的制备及其力学性能研究 [D]. 哈尔滨：哈尔滨工程大学, 2008.

[5] 林玉亮, 卢芳云, 崔云霄. 冲击加载条件下材料之间摩擦系数的确定 [J]. 摩擦学学报, 2007, 27（1）：64-67.

[6] 程开甲, 李元正. 引信试验鉴定技术 [M]. 北京：国防工业出版社, 2006：142-144.

[7] 李庆利, 曹建新, 赵丽媛, 等. 高温压电陶瓷材料研究进展 [J]. 化工进展, 2008, 27（1）：16-20.

[8] 文海, 王晓慧, 赵巍, 等. 高温压电陶瓷研究进展 [J]. 硅酸盐学报, 2006, 34（11）：1367-1373.

[9] 李月明, 程亮, 顾幸勇, 等. 高居里温度压电材料的研究进展 [J]. 陶瓷学报, 2006, 27（3）：309-315.

[10] 李平, 黄八零, 罗逸, 等. 导磁导电胶的制备及其性能研究 [J]. 材料保护, 2008, 41（9）：17-19.

［11］孙丽荣，王军，黄柏辉. 导电胶黏剂的现状与进展［J］. 中国胶黏剂，2004，6（3）：50 – 53.

［12］陈德萍. 耐高温环氧树脂胶粘剂研究进展［J］. 热固性树脂，2000，15（4）：16 – 20.

［13］冯伟. 低成本常温固化、高温使用环氧树脂胶粘剂的研制［J］. 应用化工，2010，39（4）：616 – 617.

［14］崔向红. 耐高低温环氧树脂灌封胶的制备［J］. 2012，206（11）：70 – 71.

［15］齐杏林，刘加凯，王波. 引信湿热强化试验技术研究［J］. 2010，22（3）：9 – 12.

［16］程开甲，李元正. 引信试验鉴定技术［M］. 北京：国防工业出版社，2006：4：308 – 309.

［17］齐杏林，刘加凯，王波. 引信湿热强化试验技术研究［J］. 2010，22（3）：9 – 12.

［18］芦丹，金家楣，赵淳生. 超声电机湿热环境试验研究［J］. 压电与声光，2011，33（6）：1006 – 1008.

第6章 引信用 H 形自行式超声压电驱动器的工作机理及结构设计

在一般的超声压电驱动器中，动子与基座之间往往通过导轨或者轴承耦合接触，减少摩擦力，这种方法增加了空间成本。目前基于双足直线型超声压电驱动器的引信安全与解除保险装置中，动子与定子在预压力的作用下直接紧密接触，利用动/定子之间的摩擦力将定子的高频微幅振动转换成动子的宏观运动，实现引信安全系统安全/待发状态的相互转换。动子与定子直接接触[1-3]，为了减少动子与定子之间的摩擦力，对动子与定子间的接触面加工工艺提出了很高的要求，增加了工艺成本。

在超声压电驱动器中，动子与定子的运动是相对的。可在设计的过程忽略动子，使得定子与基座表面直接接触，且工作的过程中定子相对基座产生运动，这种概念的驱动器称为自行式超声压电驱动器。相比于传统的超声压电驱动器，自行式超声压电驱动器在装配的过程中不用导轨或者轴承，减少了空间与成本，十分适合引信安全与解除保险装置。

6.1 引信用 H 形超声压电驱动器的结构设计

6.1.1 H 形超声压电驱动器的结构设计

在前面双足直线型超声压电驱动器的基础上加以改进，结合引信这一具体应用场合，基于自行式超声驱动器概念，设计出了 H 形超声压电驱动器和相应的引信安全与解除保险装置。H 形超声压电驱动器结构如图 6.1 所示，H 形超声压电驱动器是由两个双足式直线型超声压电驱动器通过一根竖梁连接而成。压电陶瓷的极化方向如图 6.2 所示，横梁上表面的压电陶瓷用于激发横梁的一阶纵振，横梁内侧的压电陶瓷极化方向相反，用于激发横梁的二阶弯振。由于横

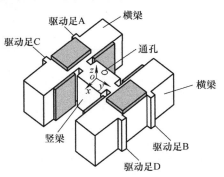

图 6.1 H 形超声压电驱动器

梁的一阶面内纵振与二阶面内弯振的节面均位于横梁的中间，因此横梁与竖梁的

连接处位于横梁的中心对称面。竖梁与横梁接触的四个角处各有一个切槽，以减少竖梁与横梁之间的连接面积，从而弱化竖梁对于横梁工作模态的影响。

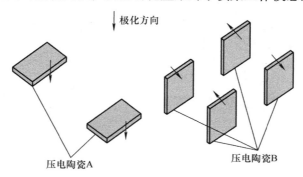

图 6.2　压电陶瓷的极化方向

基于 H 形超声压电驱动器的安全与解除保险装置如图 6.3a 所示。其中弹簧用于施加预压力使得压电振子的驱动足与基座紧密接触，弹簧施加预压力的方向与引信所承受的冲击过载方向垂直，预压力受到冲击过载的影响小，且弹簧与柔性转子相比，更加不易产生塑性变形导致失效。摩擦层用于改善接触面的状态，增加耐磨性，减少接触面的磨损，这里选用氧化铝陶瓷作为摩擦材料。

H 形超声压电驱动器的竖梁与和底座上均有通孔作为传火通道。其中 H 形超声压电驱动器通孔内部放置有雷管，基座上的通孔放置有导爆药。在初始条件下，传火通道错开，雷管与导爆药错开，表示传爆序列的中断，引信处于安全状态，如图 6.3b 所示；一旦弹药发射后，H 形超声压电驱动器在控制指令的作用下动作，传火通道对齐，雷管与导爆药对正，引信处于待发状态，如图 6.3c 所示。

6.1.2　H 形超声压电驱动器的工作原理

由前述知，H 形超声压电驱动器的两根横梁可看作独立的双足直线型超声压电驱动器，为了使得 H 形超声压电驱动器能够自己运动，这里两根横梁的工作模态是对称的，称为一阶对称纵振与二阶对称弯振，如图 6.4 所示。

$$\begin{cases} u(x,t) = \phi_{L1}(x)\sin(\omega t) \\ w(x,t) = \phi_{B2}(x)\cos(\omega t) \end{cases} \tag{6.1}$$

由式（6.1）可知，当正弦信号施加到横梁上表面的压电陶瓷组 A 时，两根横梁均被激发出有效的一阶对称纵振，在驱动足端产生水平位移，如图 6.4a 所示；当余弦信号施加到压电陶瓷组 B 时，则在横梁上激发出二阶对称弯振模态，在驱动足端产生垂直位移，如图 6.4b 所示。驱动足的在两种不同工作模态下的位移响应在空间上也存在 π/2 的相位差，当一阶对称纵振与二阶对称弯振具有相同的谐振频率且同时被激发时，则可以在驱动足端产生椭圆运动，并在摩擦力的

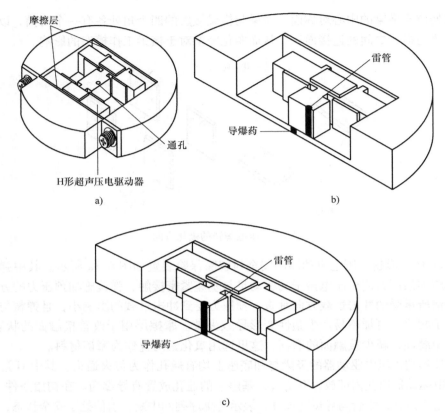

图6.3 基于 H 形超声压电驱动器的安全与解除保险装置及其状态示意图

a）安全与解除保险装置示意图 b）安全状态 c）待发状态

作用下，推动 H 形超声压电驱动器自己向前运动。

下面详细分析 H 形超声压电驱动器在一个周期内的运动过程。四个驱动足命名为 A、B、C、D，一个工作周期内 H 形超声压电驱动器的工作可分为四个步骤，如图 6.5 所示。

1）当 $\omega t = 0 \sim \pi/2$ 时，H 形超声压电驱动器由二阶对称弯振逐渐变化到一阶对称纵振的伸张状态。在变化的过程中，驱动足 C 和 D 从弯曲振动的波峰位置 C_1 和 D_1 随着纵向振动的伸长移动到弯曲振动的平衡位置 C_2 和 D_2。在此过程中，驱动足 C 和 D 驱动 H 形超声压电驱动器向右移动了一步；与此同时，驱动足 A 和 B 从弯曲振动的波谷位置 A_1 和 B_1 移动到弯曲振动平衡的位置 A_2 和 B_2，这个过程中，驱动足 A 和 B 与平行基座脱离。

2）当 $\omega t = \pi/2 \sim \pi$ 时，H 形超声压电驱动器由一阶对称纵振的伸张状态逐渐变化到二阶对称弯振。在变化的过程中，驱动足 C 和 D 从弯曲振动的平衡位置 C_2 和 D_2 随着纵向振动产生由伸长到缩短的变化移动到弯曲振动的波谷位置 C_3

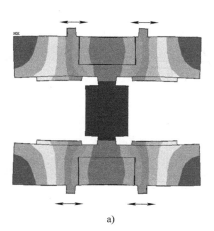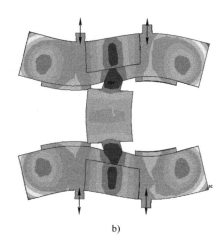

a)　　　　　　　　　　　　　　　　　　　b)

图 6.4　H 形超声压电驱动器的工作模态

a) 一阶对称纵振　b) 二阶对称弯振

和 D_3。在此过程中，驱动足 C 和 D 与平行基座脱离；与此同时，驱动足 A 和 B 从弯曲振动的平衡位置 A_2 和 B_2，随着纵向振动由伸长到缩短过程移动到弯曲振动的波峰位置 A_3 和 B_3，这个过程中，驱动足 A 与 B 驱动 H 形超声压电驱动器向右移动一步。

3）当 $\omega t = \pi \sim 3\pi/2$ 时，H 形超声压电驱动器由二阶对称弯振逐渐变化到一阶对称纵振的缩短状态。在变化的过程中，驱动足 C 和 D 从弯曲振动的波谷位置 C_3 和 D_3 随着纵向振动的缩短移动到弯曲振动的平衡位置 C_4 和 D_4。在此过程中，驱动足 C 和 D 与平行基座脱离；与此同时，驱动足 A 和 B 从弯曲振动的波峰位置 A_3 和 B_3，随着纵向振动缩短的过程移动到弯曲振动的平衡位置 A_4 和 B_4，这个过程中，驱动足 A 与 B 驱动 H 形超声压电驱动器向右移动一步。

4）当 $\omega t = 3\pi/2 \sim 2\pi$ 时，H 形超声压电驱动器由一阶对称纵振的缩短状态逐渐变化到二阶弯振对称。在变化的过程中，驱动足 C 和 D 从弯曲振动的平衡位置 C_4 和 D_4 随着纵向振动产生由缩短到伸长的变化移动到弯曲振动的波峰位置 C_1 和 D_1。在此过程中，驱动足 C 和 D 驱动 H 形超声压电驱动器向右移动了一步；与此同时，驱动足 A 和 B 从弯曲振动的平衡位置 A_4 和 B_4，随着纵向振动由缩短到伸长过程移动到弯曲振动的波谷位置 A_1 和 B_1，这个过程中，驱动足 A 和 B 与平行基座脱离。

上述分析结果表明，H 形超声压电驱动器的四个驱动足在一个周期内交替完成椭圆轨迹的运动。在预压力的作用下，H 形超声压电驱动器的四个驱动足与平行基座紧密接触，在驱动足椭圆轨迹运动的作用下，通过定子与基座间的摩擦作用，推动 H 形超声压电驱动器往前运动。驱动器运动方向的改变可通过切换驱动信号实现。

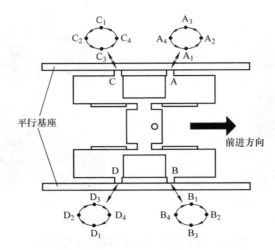

图 6.5　H 形超声压电驱动器的工作原理示意图

6.2　H 形超声压电驱动器的结构参数优化及动力学仿真

6.2.1　H 形超声压电驱动器的频率一致性设计

　　上述工作原理是基于 H 形超声压电驱动器的一阶对称纵振与二阶对称弯振具有相同的谐振频率这一前提。H 形超声压电驱动器的金属弹性体材料为磷青铜（密度 $\rho = 8760 kg/m^3$，杨氏模量 $E = 1.12 \times 10^{11} Pa$，泊松比 $\gamma = 0.28$），压电陶瓷采用 PZT -4（密度为 $7600 kg/m^3$）。压电陶瓷的压电矩阵 e，刚度矩阵 c^E 和介电矩阵 ε^T 列于表 6.1。H 形超声压电驱动器的初始结构参数见表 6.2。表中各个参数的含义如图 6.6 所示。优化的过程中，H 形超声压电驱动器的厚度 B 保持 5mm 不变，A 组压电陶瓷与 B 组压电陶瓷尺寸参数保持不变，分别为 3.5mm × 6mm × 0.5mm 和 5mm × 5mm × 0.5mm。

表 6.1　压电陶瓷的材质参数

刚度矩阵/($\times 10^{10} N/m^2$)		压电矩阵/(C/m^2)		介电矩阵/($\times 10^{-9} F/m$)	
c_{11}	13.2	e_{31}	-5.2	ε_{11}	7.124
c_{12}	7.1	e_{33}	15.1	ε_{33}	5.841
c_{13}	7.3	e_{15}	12.7		
c_{33}	11.5				
c_{44}	2.6				
c_{66}	3				

表6.2　H 形超声压电驱动器的结构尺寸参数初值　（单位：mm）

参数	L_1	L_2	L_3	L_4	L_5	L_6	L_7	H_1	H_2	H_3	H_4	R
初始值	20	5.8	1	6.4	3.5	5	2	6	1	5	1	0.5

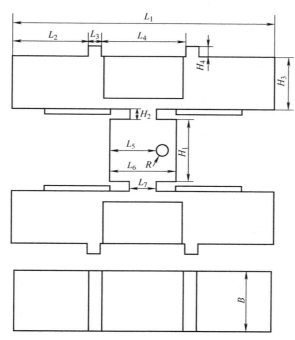

图6.6　H 形超声压电驱动器的结构参数示意图

利用有限元方法软件对 H 形超声压电驱动器进行模态分析，得到初始结构参数下一阶对称纵振模态频率 f_{L1} = 89667Hz，二阶对称弯振模态频率 f_{B2} = 96721Hz。两个振型频率相差 7044Hz，不满足两相频率一致性的要求，因此需要找出对两个工作模态频率影响较大的参数作为变量，优化结构参数，使得两相模态频率一致。依据安全与解除保险装置的尺寸要求，横梁 L_1 取 20mm 并保持不变，且驱动足设置在二阶弯振的波峰或者波谷处，则显然有 $L_4 = 0.37L_1 - L_3$，$L_2 = (0.63L_1 - L_3)/2$；L_6 与 L_5 的尺寸与通孔半径 R 有关，而半径 R 的大小与安全与解除保险装置的需求相关，因此这些参数均保持不变；H_2 与 L_7 的参数与横梁与竖梁之间的连接强度有关，保持不变。剩余 L_3、H_1、H_3 和 H_4 待定。

理论上，一个自由矩形梁一阶纵振谐振频率与二阶弯振谐振频率为

$$\begin{cases} \omega_{L1} = \dfrac{\pi}{l}\sqrt{\dfrac{E}{\rho}} \\[2mm] \omega_{B2} = \dfrac{X_2^2 h}{l^2}\sqrt{\dfrac{E}{12\rho}} \end{cases} \tag{6.2}$$

式中，X_2 是常数；l 和 h 分别表示梁的长度与高度，ρ 和 E 表示密度和弹性模量。

由式（6.2）可知，梁的一阶纵振的谐振频率与本身长度有关，二阶弯振谐振频率和梁的长度和高度有关。当长度固定时，二阶弯振的谐振频率随着高度 h 的增加而增加。在本设计中，横梁的长度保持固定，因此一阶纵振谐振频率将会固定；为了使得二阶弯振的谐振频率减少并与一阶谐振频率一致，应减少 H_3 的尺寸。作为一个非标准意义上的矩形梁，利用有限元方法对优化参数 L_3，H_1，H_3 和 H_4 进行灵敏度分析，相应的灵敏度表达式如下：

$$\begin{cases} S_{bj} = \dfrac{\partial f_b}{\partial p_j} = \dfrac{f_{bv} - f_{b0}}{\Delta p_j} \\[3mm] S_{lj} = \dfrac{\partial f_l}{\partial p_j} = \dfrac{f_{lv} - f_{l0}}{\Delta p_j} \end{cases} \tag{6.3}$$

式中，f_b 和 f_l 分别表示二阶弯振和一阶纵振的谐振频率值；f_{b0} 和 f_{l0} 分别表示初始结构的二阶弯振和一阶纵振的谐振频率；f_{bv} 和 f_{lv} 分别表示定子结构参数变化后的二阶弯振和一阶纵振的谐振频率；Δp_j 表示结构参数 p_j 的变化量。

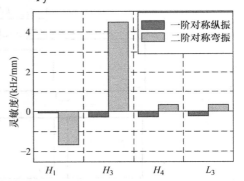

图 6.7 工作模态谐振频率对结构参数的灵敏度

L_3、H_1、H_3 和 H_4 的灵敏度如图 6.7 所示。显然这四个参数的对于一阶纵振的谐振频率影响不大，二阶弯振的谐振频率随着 H_3 的增加而增加，这与式（6.2）得到的结论一致；除此之外，二阶弯振的谐振频率随着 H_1 的增加而减小。

根据上述灵敏度分析结果，调整对于二阶弯振影响大的两个参数 H_1 和 H_3，使得 H 形压电振子的一阶对称纵振与二阶对称弯振的谐振频率一致，最终的尺寸参数见表 6.3。优化后的一阶对称纵振的谐振频率为 89639Hz，二阶对称弯振的谐振频率为 89764Hz，两相工作模态的频率差减小至 125Hz，满足频率一致性的要求。

表 6.3 H 形超声压电驱动器优化前后的结构参数

状态	H_1/mm	H_3/mm	H_4/mm	L_3/mm	其他结构参数
优化前	6	5	1	1	同表 6.2
优化后	6.8	4	1	1	同表 6.2

6.2.2　H 形超声压电驱动器的驱动足轨迹仿真

为了进一步验证 H 形超声压电驱动器的工作原理,利用有限元软件 ANSYS 对 H 形超声压电驱动器进行瞬态动力学分析,得到驱动足表面质点的运动轨迹。依据模态分析的结果,将频率为 89.7kHz,峰峰值为 100V,相位差为 $\pi/2$ 的两组信号分别施加到 A 组和 B 组压电陶瓷上,当超声驱动器的工作状态稳定后,可以观察到 H 形超声压电驱动器的一阶对称纵振和二阶对称弯振振型按照顺序 1—2—3—4 交替出现,如图 6.8a 所示。交换施加信号的顺序,H 形超声压电驱动器的振动形状可以翻转为 4—3—2—1。根据驱动器的工作原理,影响驱动器的性能主要是驱动足在 xoy 平面内的运动轨迹,这里选取四个驱动面上中点 A,B,C 和 D 并分析其在一个周期内的运动轨迹,如图 6.8b 所示。

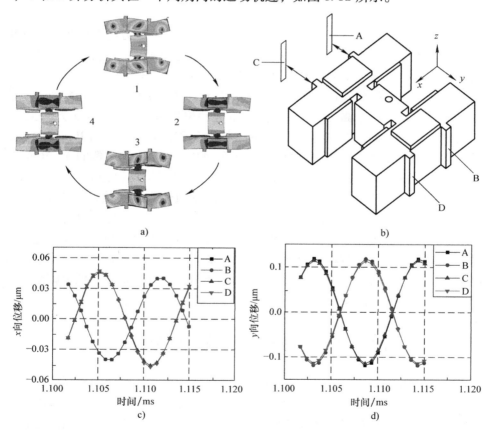

图 6.8　H 形超声压电驱动器驱动足轨迹分析

a) 一个周期内的工作模态　b) 驱动足的选点示意图

c) 驱动足在 x 向的运动轨迹　d) 驱动足在 y 向的运动轨迹

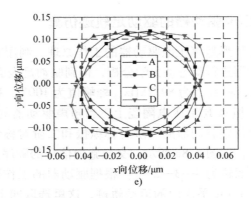

图 6.8　H 形超声压电驱动器驱动足轨迹分析（续）

e）驱动足在 *xoy* 平面内的运动轨迹

从图 6.8c 可知，驱动足 A、B 和 C、D 的运动轨迹在 *x* 方向上存在着 π 的相位差；从图 6.8d 可知，驱动足在 A、C 和 B、D 的运动轨迹在 *y* 方向上存在着 π 的相位差，这与 6.1.2 小节中叙述的工作原理一致。A、B、C、D 这四个驱动足在 *y* 方向上的位移幅值基本一致，约为 0.117μm，这是因为整个结构相对于 *x* 轴是轴对称的，因此四个驱动足在 *y* 方向上的运动位移基本一致；在 *x* 方向上 A、C 的位移为 0.047μm，B、D 在 *x* 方向的位移为 0.04μm，A、C 与 B、D 在 *x* 方向上位移的差异是因为通孔的位置关于 *y* 轴不对称。但是在同一侧的 A、B 或 C、D 而言，它们在 *x* 方向上的位移是一致的。四个驱动足运动轨迹的大小不一致，其中 A 与 B 的运动轨迹大小一致，C 和 D 的运动轨迹大小一致，且 A 和 B，C 和 D 均分别关于 *x* 轴与 *y* 轴对称，如图 6.8e 所示。四个驱动足之间运动轨迹大小不一可能会导致驱动足间驱动力的不一致。值得注意的是，由于不像其他超声压电驱动器一样存在着位移放大机构[4-5]。H 形超声压电驱动器的驱动足振动幅度没有达到微米级。但是在已知文献中同样存在超声压电驱动器的振幅没有达到微米级[6]，这打消了对于 H 形超声压电驱动器驱动能力的疑虑。

6.3　H 形自行式超声压电驱动器接触模型

由于 H 形自行式超声压电驱动器通过驱动足与平行基座间的相互作用，利用摩擦力将驱动足的微小振动转换成 H 形超声压电驱动器的自身运动。因此分析驱动足与平行基座接触面之间的相互作用至关重要。在分析之前，首先进行以下假设：

1）因此平行基座粘贴有氧化铝陶瓷片作为摩擦材料，其硬度与弹性模量均远大于磷青铜，只有磷青铜驱动足产生弹性变形；

2）忽略摩擦材料氧化铝陶瓷片与驱动足表面粗糙度的影响；

3）假设驱动器的运行状态稳定。忽略驱动器起停的过程；

4）将整个接触面独立的划分为法向与切向两个系统，互不影响；

5）从运动的相对性假设 H 形超声压电驱动器自身保持不动，基座相对其运动。

通过 6.2.2 小节的分析显然可知，任意一个驱动足的运动轨迹是一个椭圆，如图 6.9a 所示，运动方程可写为

$$\begin{cases} u(t) = U\sin(\omega t) \\ v(t) = V\cos(\omega t) \end{cases} \tag{6.4}$$

式中 $u(t)$ 和 $v(t)$ 分别表示驱动足在 x 方向与 y 方向上的位移响应。U 和 V 分别表示其在 x 方向和 y 方向上的振动幅值；ω 表示频率。

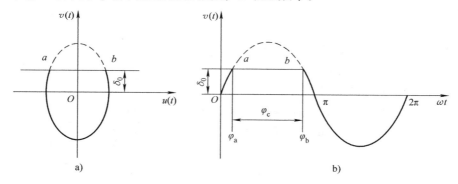

图 6.9　驱动足与导轨之间的接触示意图

这里选取 H 形超声压电驱动器中的一个驱动足作为研究对象；当 H 形超声压电驱动器处于稳定运行状态，驱动足与基座间歇接触。即在一个工作周期内，驱动足与基座之间存在着接触与脱离的两种状态，如图 6.9b 所示。a 和 b 分别表示接触的起始点与终止点，对应的起始角与终止角分别为 φ_b 和 φ_a，则接触角 $\varphi_c = \varphi_b - \varphi_a$。$\delta_0$ 表示接触位置偏离振动平衡位置的距离。显然，当 $\varphi_c < 2\pi$，则驱动足与导轨之间的动态压力为

$$F_n = \begin{cases} 0 & , v(t) - \delta_0 < 0 \\ k_n(v(t) - \delta_0), & v(t) - \delta_0 \geq 0 \end{cases} \tag{6.5}$$

式中，k_n 表示等效刚度，表达式为 $k_n = EA_c/h_c$[7]；E，A_c 和 h_c 分别表示磷青铜的杨氏模量，接触面积及厚度。

将式（6.4）与式（6.5）相结合，有

$$F_n = \begin{cases} 0, 0 < \omega t < (\pi - \varphi_c)/2, (\pi + \varphi_c)/2 < \omega t < 2\pi \\ k_n V(\sin\omega t - \cos(\varphi_c/2)), (\pi - \varphi_c)/2 < \omega t < (\pi + \varphi_c)/2 \end{cases} \tag{6.6}$$

且在一个周期内，驱动足与基座之间动态压力的平均值与预压力的大小一致，即有

$$\frac{1}{T}\int_{t}^{t+T}F_n\mathrm{d}t = F_0 \tag{6.7}$$

将式（6.7）与式（6.6）相结合，得到了接触角 φ_c 与预压力 F_0 之间的关系：

$$F_0\pi/k_nV = \left(\sin\frac{\varphi_c}{2} - \frac{\varphi_c}{2}\cos\frac{\varphi_c}{2}\right) \tag{6.8}$$

从式（6.8）可知，接触角 φ_c 随着预压力 F_0 的增加而增加。当 F_0 增加到 $k_n V$ 后，接触角 φ_c 增加到 2π，这意味着 H 形超声压电驱动器工作时，驱动足与基座一直保持接触状态。此后，随着预压力 F_0 的增加，接触角 φ_c 将保持 2π 不变，这种状态下，驱动足与导轨之间的动态压力表示为

$$F_n = F_0 + k_nV\sin(\omega t) \tag{6.9}$$

假设驱动器在稳定工作时，基座的速度为 v_m，而驱动足的切向速度 $\dot{u}(t)$。因此，其中在特定时刻，有着驱动足的运行速度与驱动器的速度相等，即 $\dot{u}(t) = v_m$。φ_e 与 φ_f 表示速度相等的两个时刻，如图 6.10 所示。则在区间 $[\varphi_a, \varphi_e]$ 和 $[\varphi_f, \varphi_b]$ 内，$\dot{u}(t) < v_m$，驱动足阻碍驱动器运动，摩擦力做负功；在区间 $[\varphi_e, \varphi_f]$ 内，$\dot{u}(t) < v_m$，驱动足驱动驱动器运动，

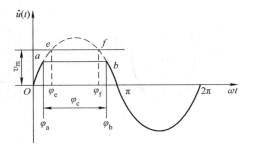

图 6.10 驱动足切向速度与驱动足速度的关系

摩擦力做正功。驱动足与基座之间的摩擦力可以表述为

$$F_t = \begin{cases} F_n[\varepsilon_s(\dot{u}(t) - v_m) + \mu_s], & \dot{u}(t) > v_m \\ F_n[\varepsilon_s(\dot{u}(t) - v_m) - \mu_s], & \dot{u}(t) < v_m \end{cases} \tag{6.10}$$

式中，μ_s 表示静摩擦系数，ε_s 表示黏性阻尼系数。仿真相关参数列于表 6.4 中。

表 6.4 仿真相关参数

参数	数值	参数	数值	参数	数值
密度 $\rho/(\mathrm{kg/m^3})$	8760	杨氏模量 E/Pa	1.12×10^{11}	泊松比 ν	0.28
$A_c/\mathrm{m^2}$	5×10^{-6}	h/mm	1	等效法向刚度 $k_n/(\mathrm{N/m})$	5.6×10^8
黏性阻尼系数 ε_s	0.05	静摩擦系数 μ_s	0.2		

以瞬态分析下驱动足的运动轨迹输入，分析不同预压力与运动速度下的接触面模型。这里以驱动足 C 作为研究对象，其他驱动足的研究方法类似，驱动足 C

的运动轨迹及其拟合曲线如图 6.11 所示。运动轨迹的拟合方程为

$$u_0 = U\sin(2\pi ft + 1.943)$$
$$v_0 = V\cos(2\pi ft + 1.628)$$

(6.11)

式中，U 与 V 分别为 4.7084×10^{-8}m 和 1.1472×10^{-7}m；f 为 89700Hz。

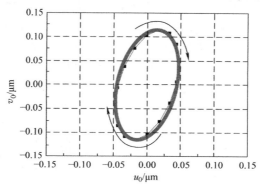

图 6.11　驱动足 C 的运动轨迹及其拟合曲线

　　从式（6.8）得到了预压力与接触角之间的关系，如图 6.12 所示。当预压力在 0 ~ 20.45N 之间时，接触角 φ_c 小于 π；当预压力在 20.45 ~ 64.24 之间时，接触角 φ_c 在 π ~ 2π 之间；当预压力大于 64.24N 时，接触角保持 2π 不变。

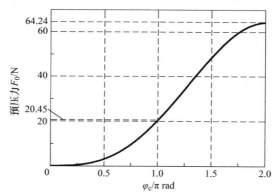

图 6.12　预压力与接触角的关系

　　下面就驱动足与基座之间的接触状态分为间歇性接触与持续接触两种情况进行分析。这里取接触角 φ_c 分别为 $\pi/2$、π、$3\pi/2$ 和 2π，对应的预压力 F_0 分别为 3.1N、20.45N、48.53N 和 65N。实际上，只要预压力大于 64.24N，接触角一直为 2π，但是过大的预压力将会阻碍 H 形超声驱动器的正常振动，进而影响驱动器的正常工作，因此这里接触角 2π 对应的预压力取 65N。

假设基座运动的速度为 $v_m = 0.015\text{m/s}$。得到了不同接触角下摩擦力与基座位移的关系曲线，如图 6.13 所示。虽然 φ_c 为 $\pi/2$、π 和 $3\pi/2$ 的曲线形状不同，但是它们都可以分为三个阶段：驱动阶段、阻碍阶段以及分离阶段。驱动阶段的摩擦力大于0，做正功，驱动驱动器运动；阻碍阶段的摩擦力小于0，做负功，阻碍驱动器的运动；分离阶段的摩擦力为0，驱动足与导轨之间分离。而当 φ_c 取为 2π 时，整个曲线只有驱动阶段与阻碍阶段。摩擦力曲线与直线 $F_t = 0$ 围起来的区域面积表示摩擦力对驱动器做的功，在 $F_t > 0$ 的区域做的是正功，$F_t < 0$ 的区域做的是负功。在忽略摩擦力等造成的能量损耗的前提下，两者差值则表示驱动器对外界做的功，即带动负载所做的功。

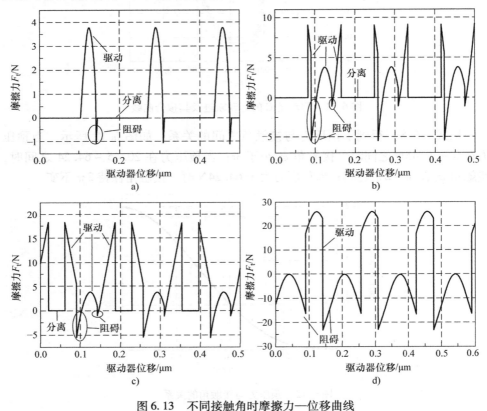

图 6.13　不同接触角时摩擦力—位移曲线
a) $\varphi_c = \pi/2$　b) $\varphi_c = \pi$　c) $\varphi_c = 3\pi/2$　d) $\varphi_c = 2\pi$

假设接触角 φ_c 保持 2π 不变，得到了不同运动速度 v_m 下摩擦力 - 时间曲线，如图 6.14 所示。

忽略摩擦力所导致的能量损耗，则驱动足与导轨之间的摩擦力与驱动器负载的一个周期内是相等的。即有

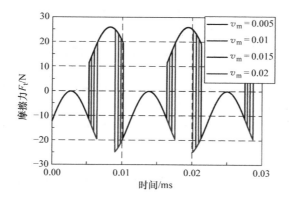

图 6.14　接触角为 2π 时，不同速度下的摩擦力 – 时间曲线（见彩图）

$$F_{out} = \frac{1}{T}\int_{t}^{t+T}F_t\,\mathrm{d}t \tag{6.12}$$

结合式（6.12）和图 6.14 可知，摩擦力曲线中的正值与负值分别与 $F_t = 0$ 围起来的区域面积之差表示驱动器带动负载的能力。显然随着速度的增加，两者面积之差越来越小，即带动负载的能力变弱，这表明驱动器在低速时具有大的带负载能力，而在高速时带负载能力弱。

6.4　本章小结

本章在前述引信用双足直线型超声压电驱动器的基础上，结合自行式超声压电驱动器的概念，设计出了一种 H 形自行式超声压电驱动器和基于该驱动器的引信安全与解除保险装置，该结构省略了导轨或者轴承等减摩装置，简化了系统组成。

对该驱动器的工作模态、工作原理等进行了分析，利用有限元软件对 H 形自行式超声压电驱动器进行了参数化建模，分析了各结构参数对 H 形自行式超声压电驱动器两相模态频率一致性灵敏度；以 H 形自行式超声压电驱动器两相工作模态频率尽可能一致为优化目标，对 H 形自行式超声压电驱动器结构尺寸进行了优化，仿真得到优化后的 H 形自行式超声压电驱动器两相工作模态频率差为 125Hz，达到了优化目标。建立了 H 形自行式超声压电驱动器的接触模型。

参 考 文 献

[1] Tang Y, Yang Z, Wang X, et al. Research on the piezoelectric ultrasonic actuator applied to smart fuze safety system [J]. International Journal of Applied Electromagnetics and Mechanics, 2017, 53 (2): 303 – 313.

［2］付前卫，张百亮，姚志远. 用于引信隔爆机构的双振子直线超声电机设计［J］. 西北工业大学学报，2017（3）：545 - 552.

［3］佟雪梅. 引信用压电精密驱动装置的结构优化及其驱动电路设计［D］. 南京：南京理工大学，2014.

［4］Shi Y，Zhao C. A new standing - wave - type linear ultrasonic motor based on in - plane modes［J］. Ultrasonics，2011，51（4）：397 - 404.

［5］Liu Y，Chen W，Yang X，et al. A T - shape linear piezoelectric motor with single foot［J］. Ultrasonics，2015，56：551 - 556.

［6］Yun C H，Watson B，Friend J，et al. A piezoelectric ultrasonic linear micromotor using a slotted stator［J］. IEEE Transactions on Ultrasonics，Ferroelectrics，and Frequency Control，2010，57（8）：1868 - 1874.

［7］Shi Y，Zhao C，Zhang J. Contact analysis and modeling of standing wave linear ultrasonic motor［J］. 武汉理工大学学报：材料科学（英文版），2011，26（6）：1235 - 1242.

第 7 章　H 形自行式超声压电驱动器及安全与解除保险装置实验研究

　　根据第 6 章中对 H 形自行式超声压电驱动器的结构设计和参数优化，加工制作了 H 形超声压电驱动器及相应的安全与解除保险装置，分别如图 7.1a 和图 7.1b 所示，整个驱动器重约 10g 左右，整个安全与解除保险装置的厚度为 7mm，直径为 40mm。压电陶瓷与金属体之间粘贴工艺的好坏将关系到驱动器的输出功率、效率等性能，因此在压电陶瓷片粘贴的过程中，应注意：①金属弹性体的表面应当保持清洁，在操作之前可用酒精进行清洗；②高强度环氧树脂胶涂抹均匀，固化的过程中压电陶瓷与金属弹性体之间应保持加压状态。

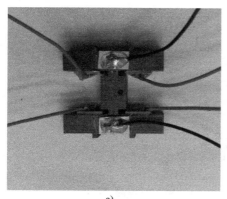

a)　　　　　　　　　　　　　　b)

图 7.1　H 形超声压电驱动器及其引信安保装置
a）H 形超声压电驱动器　b）引信安全与解除保险装置

7.1　定子频率响应及模态测试

　　H 形超声压电驱动器本质上是两个完全一致的双足式直线型超声压电驱动器并列而成，这就要求两个横梁中的一阶纵振与二阶弯振的工作频率保持一致。利用精密阻抗分析仪 WK6500B 测试 H 形超声压电驱动器中两个横梁工作模态的频率阻抗特性，结果如图 7.2 所示。其中梁的编号方式如图 7.3a 所示。梁 - 1 的一阶纵振与二阶弯振谐振频率分别为 87.31kHz 和 85.98kHz；梁 - 2 的一阶纵振与二阶弯振谐振频率分别为 88.55Hz 和 85.98kHz。值得注意的是，纵振与弯振的阻抗特性存在着较大的差异，这是因为激发纵振与激发弯振所使用的压电陶瓷片数量不一样，使得纵振与弯振之间存在电学特性差异。

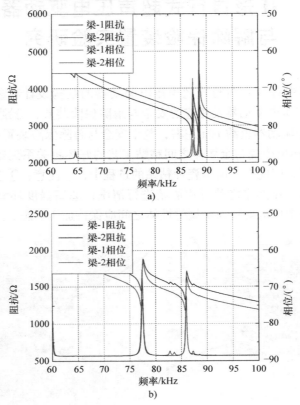

图 7.2　H 形超声驱动器阻抗测试结果（见彩图）

a）两个梁纵振的频率 – 阻抗特性　　b）两个梁弯振的频率 – 阻抗特性

　　利用多普勒激光测振系统（PSV – 300F – B）对驱动器的工作模态进行测试。具体的测试方法如图 7.3a 所示，选取 H 形超声压电驱动器的侧面（面 – 1 和面 – 3）作为测试面以确认驱动器的二阶弯振模态，面 – 2 和面 – 4 作为测试面确认驱动器的一阶纵振模态，结果如图 7.3b ~ e 所示。从图 7.3b 和图 7.3d 可知，面 – 1 和面 – 3 上观察到了二阶弯曲振型，说明两个梁的二阶弯曲工作模态被激发。从图 7.3c 和图 7.3e 可知，在面 – 2 和面 – 4 上产生了上下振动，这意味着梁的一阶纵振被激发。测得梁 – 1 的一阶纵振与二阶弯振模态谐振频率分别为 87.25kHz 和 85.519kHz，梁 – 2 的一阶纵振与二阶弯振模态谐振频率分别为 88.5kHz 和 85.625kHz。测试结果与精密阻抗分析仪的测试结果均列于表 7.1 中。他们的测试结果存在细微差异。这是因为采用多普勒激光测振系统测试时需用夹具固定驱动器，而阻抗分析仪测试时是完全自由的，边界条件的差异导致了测试结果的差异。从表 7.1 中可知，两个横梁的二阶弯振模态谐振频率十分接近，两个横梁的一阶纵振模态谐振频率差为 1.25kHz；梁 - 1 的一阶纵振与二阶弯振谐振频率差值为 1.734kHz，梁 - 2 的一阶纵振与二阶弯振谐振频率差值达到了 2.875kHz。其相互间的偏差小于 3.4%，在可接受的范围之内。样机测试得到的模态振动频率与理论计算结果不同，这主要是由理论的材料参数与实际材料参数的差异、加工公差和对黏合剂层的省略所引起的。且加工工艺误差和装配工艺误差导致 H 形超声驱动器一阶纵振与二阶弯振工作模态谐振频率的差异。

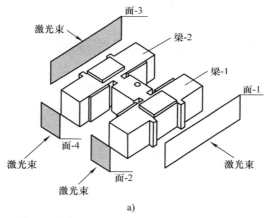

a)

b)　　　　　　　　　　　　　　c)

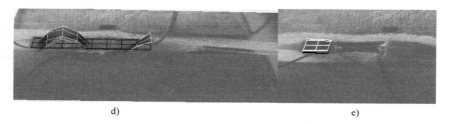

d)　　　　　　　　　　　　　　e)

图 7.3　H 形超声压电驱动器工作振型测试

a) 工作模态的测试方法　b) 面 -1 的振型　c) 面 -2 的振型

d) 面 -3 的振型　e) 面 -4 的振型

表 7.1   工作模态谐振频率测量结果　　　　（单位：kHz）

测试仪器		一阶纵振	二阶弯振	差值
阻抗分析仪 WK6500B	梁 - 1	87.31	85.98	1.33
	梁 - 2	88.55	85.98	2.57
	差值	1.24	0	
多普勒激光测振系统	梁 - 1	87.25	85.519	1.731
	梁 - 2	88.5	85.625	2.875
	差值	1.25	0.106	

7.2　H 形超声压电驱动器机械性能测试

　　对于安全与解除保险装置来说，驱动器的速度是一个十分重要的性能指标，运动速度关系到解除保险动作的快慢和解除保险的时间。为了测试基于 H 形超声压电驱动器安全与解除保险装置的运动速度，搭建了实验测试平台，如图 7.4 所示。该平台主要包括有示波器、信号发生器、功率放大器和松下激光位移传感器（HG C1100）。其中，功率放大器将信号发生器产生的两路相位差 90°的信号放大并施加到 H 形超声压电驱动器上，并利用激光位移传感器测试 H 形超声压电驱动器的速度特性，为了便于激光位移传感器测试 H 形超声压电驱动器的运动速度，

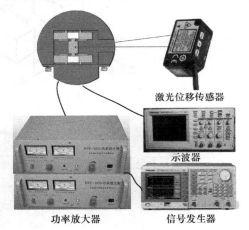

激光位移传感器

示波器

功率放大器　　　　信号发生器

图 7.4　实验平台示意图

在安全与解除保险装置基座侧面加工有缺口。H 形超声压电驱动器的位移行程为 3mm，试验过程中 H 形超声压电驱动器的预压力保持 1.8N，这是因为在该预压力下超声压电驱动器具有最佳的输出特性。

　　首先，研究驱动信号频率与速度的关系以找到驱动器最佳的工作频率。图 7.5 显示了驱动器在两个方向上的速度与驱动频率的关系（电压为 $60V_{0-p}$，相位差为 $\pi/2$），结果表明 H 形超声压电驱动器的最佳工作频率为 88.5kHz，此时解除保险和恢复保险的速度分别为 65.7mm/s 和 75.6mm/s。实际测试的最佳工作频率略高于 7.1 节中频率响应的测试结果，这因为预压力增加了驱动器的共振频率，其他超声压电驱动器也同样存在着实际工作频率大于测试频率的情况[1]。

超声压电驱动器的最佳工作频率更接近一阶纵振模态谐振频率，表明驱动器中的一阶纵振对驱动器的运动做出更多的贡献。当电压为 $60V_{0-p}$，工作频率为 88.5kHz 时，超声压电驱动器的位移与时间的关系如图 7.6 所示。显然，运动过程平稳且没有任何波动，且整个安全与解除保险装置可以在 50ms 实现待发/安全状态的相互转换。

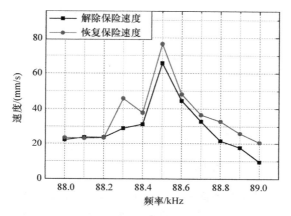

图 7.5　频率 – 速度关系曲线

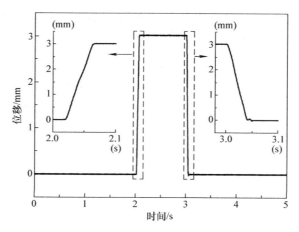

图 7.6　H 形超声压电驱动器的时间位移曲线

将驱动信号的频率固定在 88.5kHz，得到 H 形超声压电驱动器运动速度与电压的关系，如图 7.7 所示。显然，解除保险与恢复保险的速度均随着电压的增加而增加。这说明可以通过提高驱动电压来减少安全与解除保险装置安全状态与待发状态间的转换时间。在 $120V_{0-p}$ 的电压下，解除保险和恢复保险速度分别达到 120.6mm/s 和 130.1mm/s，这意味该安全与解除保险装置可以在 25ms 内实现安全状态与待发状态的相互转换，且更短的解除与恢复保险时间可通过提高驱动电压实现。

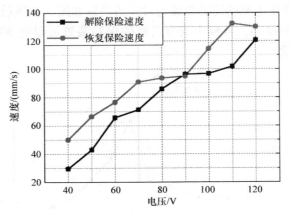

图 7.7　电压-速度关系曲线

对于安全与解除保险装置而言，没有必要测试其负载特性，但它是超声压电驱动器非常重要的特性之一。通过在驱动器的末端系上一根细绳，利用滑轮拉动不同的重物来测试超声压电驱动器的负载能力，结果如图 7.8 所示，整个测试过程中驱动电压为 $60V_{0-p}$，驱动频率为 88.5kHz。H 形超声压电驱动器在解除保险方向与恢复保险方向的最大推力超过了 $31g$ 和 $25g$，最大推重比分别超过了 3.1 和 2.5。

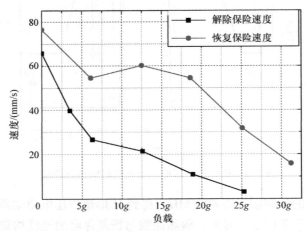

图 7.8　H 形超声压电驱动器的负载特性

从实验结果可知，本设计的原理样机的性能在两个方向存在差异。恢复保险速度总是比解除保险的速度快，这是因为：①由于加工和装配工艺误差，驱动足在两个运动方向上形成的椭圆运动轨迹不相同，导致驱动足在两个方向上的驱动能力存在差异；②驱动足和基座接触界面的预压力在两个方向上存在差异。

7.3　本章小结

本章根据前述章节对 H 形自行式超声压电驱动器的结构设计和参数优化，加工出了原理样机并对样机的性能进行了测试，实验结果表明，所设计的 H 形超声压电驱动器的最佳工作频率为 88.5kHz。在 $60V_{0-p}$ 驱动电压的作用下，解除保险和恢复保险的速度分别为 65.7mm/s 和 75.6mm/s，这意味着基于 H 形自行式超声压电驱动器的安全与解除保险装置可以在 50ms 实现安全状态与待发状态的相互转换。当驱动电压上升到 $120V_{0-p}$，状态转换的时间可以减小到 25ms。此外，当驱动电压为 $60V_{0-p}$ 时，H 形自行式超声压电驱动器的在两个方向上的最大推重比分别超过了 3.1 和 2.5。

参 考 文 献

[1] Liu Y , Yan J , Xu D , et al. An I – shape linear piezoelectric actuator using resonant type longitudinal vibration transducers [J]. Mechatronics, 2016, 40: 87 – 95.

第8章 引信环境对 H 形自行式超声压电驱动器的影响研究

8.1 引言

引信是利用环境信息，目标信息或平台信息，确保弹药勤务处理或弹道上的安全，按照预定策略对弹药实施起爆控制的装置[1]。作为弹药"探测与控制"的引信，相比于一般的机械装置或电子设备，其所经历的环境恶劣复杂，除了遭受振动、冲击、离心力等环境力的作用之外，还将受到各种物理场（热、声、光、电、磁）及气象因素的影响。其中对引信机构和零件影响最大的是作用在引信部件上的各种环境力。勤务处理中，引信受到振动、冲击等惯性力的作用；而在发射与侵彻的过程中，引信会受到冲击力的作用，弹药飞行的过程中，弹体的振动同样会对引信零件产生影响。对于振动环境，传统引信设计中通过振动幅值的限制来实现振动信号的隔离，机电式或者全电子式的安全系统通过传感器的设定来屏蔽振动信号，确保引信安全，即一般的振动过程不会引发引信的误动作[2]。但机械冲击的特点是冲击力大，作用时间短，可能会引发引信零部件的损坏与失效。

研究人员对安全系统零部件在冲击环境中的可靠性进行了大量的研究[3-5]，对于前文所设计的 H 形超声压电驱动器，同样需研究冲击载荷条件对它的性能影响。本章主要研究冲击载荷对基于 H 形自行式超声压电驱动器的安全与解除保险装置的性能影响，测试 H 形超声压电驱动器在不同的冲击载荷下的性能表现，并对 H 形超声压电驱动器内部受损情况进行分析，研究引起了超声压电驱动器在冲击环境下性能下降的原因，为 H 形超声压电驱动器在冲击引信环境下的应用提供理论与实验基础。

8.2 冲击载荷中 H 形超声压电驱动器的受力分析

从图 6.3a 中可知，基于 H 形超声压电驱动器安全与解除保险装置的基座是刚体，在冲击环境中不易变形，而压电陶瓷作为驱动器的核心部件，具有脆性大，韧性低等弱点，在冲击环境下很容易破裂，因此压电陶瓷及 H 形压电振子的抗冲击能力是影响超声压电驱动器在安全与解除保险装置中应用的关键。

8.2.1　H 形超声压电驱动器的模态分析

　　勤务处理中的意外跌落、磕碰和撞击，均会使得引信受到冲击力的作用，且不同地面材料对于冲击加速度的影响非常大，如当弹丸落下土地时，最大加速度幅值有几百 g，但是作用时间长达十几毫秒；当弹丸落向钢板时所产生的加速度可达近 20000g，持续时间只有 300 多微秒。而发射过程中一般中大口径滑膛炮的最大后坐力在 3000g ~ 15000g 之间，持续时间为 3 ~ 8ms[6]。不同的环境下引信零部件所遭受的冲击幅值与脉宽存在着差异。利用 ANSYS 软件对 H 形超声压电驱动器进行模态分析，得到 H 形超声压电驱动器谐振频率在 50kHz 以下的振型，如图 8.1 所示。实际的冲击载荷方向沿着 H 形超声压电驱动器的厚度方向，这表明图 8.1 中的振型均不易在冲击载荷的作用下被激发，而 50kHz 对应的半正

图 8.1　H 形超声压电驱动器谐振频率低于 50kHz 的振型（见彩图）

弦加速度脉宽为 10μm，远小于引信安全系统所经历的冲击加速度脉宽，因此将 H 形超声压电驱动器应用在安全与解除保险装置中，冲击载荷的幅值将是影响性能的唯一因素，而冲击载荷的脉宽影响不大。

8.2.2 H 形超声压电驱动器在冲击环境中的受力分析

利用 Workbench 中的显示动力学分析 H 形超声压电驱动器在冲击环境中的受力情况，为了模拟冲击情况，假设 H 形超声压电驱动器以 2m/s 的速度撞向一固定基座，为了真实的模拟压电陶瓷与金属弹性体之间应力的关系，假设压电陶瓷片与金属体之间的胶水粘贴层厚 0.01mm，其中金属弹性体与压电陶瓷的材料参数与 6.2.1 小节的参数相同，胶层的材料参数为[7]：杨氏模量 2.9GPa，泊松比 0.35，密度 1100kg/m³。Workbench 中建立的模型如图 8.2 所示。

图 8.2 仿真分析中的模型

以 H 形金属弹性体上的加速度载荷表示整个 H 形超声压电驱动器受到的冲击过载，加速度曲线如图 8.3a 所示，整个结构受到的冲击载荷最大值达到 19942g。在冲击碰撞发生时，应力波从碰撞面向上传播，并在边界上弹回，最终整个结构将受到复杂的压应力与拉应力波作用。在整个过程中，压电陶瓷与胶层中的最大应力与时间的关系如图 8.3b 所示，这里压电陶瓷分别为 A 组和 B 组，分组方式在图 6.2 中有详细说明，粘贴层同样分为 A 组和 B 组，分组方式与压电陶瓷类似。其中，显然 A 组的压电陶瓷和胶层中的应力大于 B 组中压电陶瓷与胶层的应力，这说明激励 H 形超声压电驱动器产生对称纵振的压电陶瓷和胶层更加容易被损坏。其压电陶瓷中的应力远大于胶层中的应力；其中 A、B 组压电陶瓷中的最大应力分别为 3.7MPa 和 2.3MPa，小于 PZT 陶瓷的抗弯强度 93.92MPa，分别如图 8.3c 和 8.3d 所示；A、B 组胶层中的最大应力分别为 0.45MPa 和 0.24MPa，小于胶层的粘贴强度 18MPa[8]，分别如图 8.3e 和 8.3f 所示。这说明 H 形超声压电驱动器在高达 19942g 冲击载荷的作用下，仍然不会产生结构性损坏。

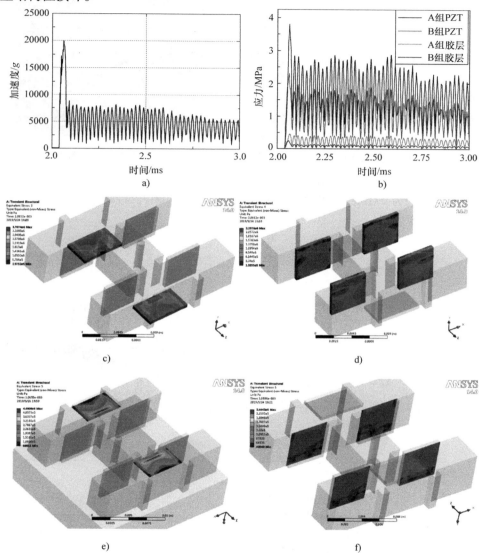

图 8.3　H 形超声驱动器的冲击仿真结果（见彩图）
a）冲击载荷曲线　b）应力变化曲线　c）A 组压电陶瓷应力分布
d）B 组压电陶瓷应力分布　e）A 组胶层应力分布　f）B 组胶层应力分布

8.2.3　H 形超声压电驱动器的冲击试验验证

为了测试 H 形超声压电驱动器的抗过载性能，搭建了实验平台如图 8.4 所示。整个测试平台主要由马歇特捶、加速度传感器（CA－YD－111）、数据采集系统组成。由于 H 形超声压电驱动器的导线采用焊锡焊接在压电陶瓷表面，但焊锡极易在冲击的作用下脱落，因此采用低强度胶水将焊锡固定在压电陶瓷表面，保证了冲击后导线与压电陶瓷表面的良好接触。

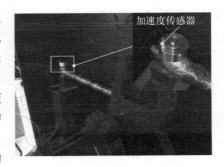

图8.4　冲击测试实验平台

在实验过程中调整马歇特捶上棘轮的齿数改变冲击载荷的幅值，共进行了六次冲击实验，冲击幅值的步距以大约 $3000g$ 逐渐增大，分别为 $2710g$，$5950g$，$8650g$，$11200g$，$14100g$，$17800g$。加速度信号幅值如图 8.5 所示。

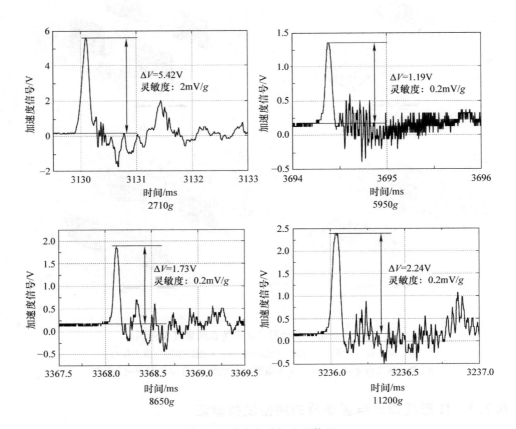

图8.5　冲击实验加速度信号

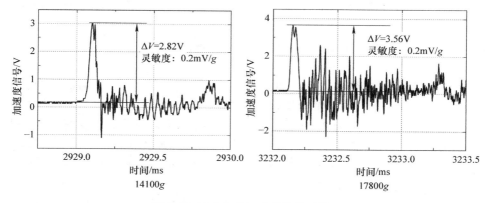

图 8.5　冲击实验加速度信号（续）

图 8.6 所示为冲击过后的 H 形超声压电驱动器，在经历高达 17800g 的冲击过载之后，驱动器的表面仍没有肉眼可见的破损，导线完整的连接在压电陶瓷表面，压电陶瓷片未出现破裂，结构完整，这与仿真结果一致。

8.2.4　冲击载荷对 H 形超声压电驱动器的性能影响

为了进一步的测试冲击载荷是否对 H 形超声压电驱动器的性能产生了不可逆的影响，每一次冲击过后均对 H 形超声压电驱动器的机械性能进行测试，测试时输入信号的频率为

图 8.6　冲击后的超声压电驱动器

88.5kHz，电压为 60V$_{0-p}$，相位差为 $\pi/2$，实验结果如图 8.7 所示。在冲击前，H 形超声压电驱动器解除保险与恢复保险的速度分别为 64.5mm/s 和 48.5mm/s；当冲击载荷为 2710g 时，对 H 形超声压电驱动器的影响不大，其解除保险与恢复保险的速度分别达到了 67mm/s 和 55.6mm/s；当冲击载荷达到了 5950g 时，H 形超声压电驱动器的机械特性下降十分明显，解除保险与恢复保险的速度仅为 16.7mm/s 和 11.6mm/s；而冲击载荷达到了 8650g 时，H 形超声压电驱动器在驱动电压为 60V$_{0-p}$ 时无法工作，将驱动电压上升至 70$_{0-p}$ 时，H 形超声压电驱动器恢复工作，解除保险与恢复保险的速度分别为 28mm/s 和 22.3mm/s；当冲击载荷上升至 11200g 时，H 形超声压电驱动器在 70V$_{0-p}$ 的驱动电压下运行存在着卡顿现象，电压上升至 80V$_{0-p}$，解除保险与恢复保险的速度分别为 12.2mm/s 和 17.4mm/s；14100g 的冲击载荷作用后，H 形超声压电驱动器在 100V$_{0-p}$ 的驱动

电压作用下开始运动，解除保险与恢复保险的速度分别为 22mm/s 和 13.2mm/s，且在运行的过程中发出尖锐的噪音；当冲击载荷达到 17800g 后，超声驱动器在 150V_{0-p} 的驱动电压作用下开始工作，解除保险与恢复保险的速度分别为 24.9mm/s 和 13.2mm/s，运行过程中噪音明显。实验结果表明：虽然冲击没有导致 H 形超声压电驱动器产生肉眼可见的结构性损伤，但显然还是对 H 形超声压电驱动器产生了不可逆的损坏，性

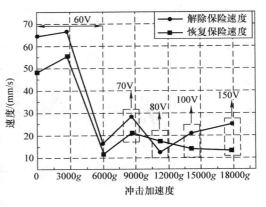

图 8.7　冲击对超声驱动器性能的影响

能下降十分明显，但通过提高驱动电压，驱动器仍然可以正常工作。值得注意的是，在冲击前 H 形超声压电驱动器的性能小于第 7 章中图 7.6 的结果，这是因为为了保证焊锡不会再冲击条件下脱落，采用了低强度胶水将焊锡固定在压电陶瓷表面，这轻微的改变了 H 形压电振子的谐振频率，具体分析结果详见 8.4.1 小节。实验结果说明将 H 形自行式超声压电驱动器作为引信安全系统中的执行器，可通过提升驱动电压的幅值，使基于 H 形超声压电驱动器的安全与解除保险装置在冲击后正常工作，实现正常解除保险与恢复保险的功能。

8.3　H 形超声压电驱动器的故障分析

　　通过上节的实验结果可知，虽然冲击没有导致 H 形超声压电驱动器产生肉眼可见的结构性损伤，但超声驱动器的性能下降十分明显，说明冲击还是对 H 形超声压电驱动器产生肉眼不可见的损坏，如结构内部的错位、裂痕、脱胶等。值得注意的是超声压电驱动器本身是利用压电陶瓷的逆压电效应将电能转换成金属弹性体的振动机械能，进一步转换成驱动器的宏观输出；但同时，也可以利用压电陶瓷的阻抗特性对超声驱动器的内部损伤进行检测。

8.3.1　压电阻抗技术的基本原理

　　基于压电陶瓷的机电阻抗（Electro - Mechanical Impedance，EMI）方法由 Liang 等人[9] 提出后，近年来获得了长足的发展，被广泛应用于航空[10]、机械[11]、土木[12] 等领域内的健康监测。其本质上是通过结构表面或者嵌入在结构中的压电陶瓷片测试结构的阻抗或者导纳，依据阻抗（导纳）的变化情况判断结构是否发生损伤或者材料性质是否发生改变。EMI 方法的激励频率高，相应

的波长小，因此在微小损伤识别上具
有巨大的优势。图 8.8 描述了结构端
部的微裂纹区以及 EMI 方法识别方
位。可见，EMI 方法在肉眼可见的裂
纹出现之前，就能诊断出微裂纹的存
在，具有很高的精度。而传统的非破
损的结构健康检测方法均主要依靠追
踪结构整体的振动响应或有限元模型
来识别损伤，在应用上往往很难检测
到初期的微小裂缝。如超声诊断法、

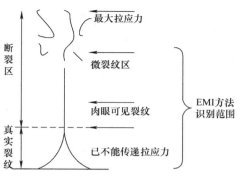

图 8.8　EMI 方法能够诊断裂纹区的范围

声发射诊断法、磁粉诊断法、X 射线诊断法、光学诊断法等。

　　实际上，利用 EMI 方法进行结构健康监测和损伤判断时，利用的是压电陶
瓷的机电耦合特性。单个压电陶瓷片在 EMI 方法既作为驱动器，又作为传感器，
当在压电振子上施加电压信号激励时，压电振子作为驱动器会产生振动，进而带
动整个结构振动，而结构振动导致了与其耦合的压电陶瓷变形并在压电陶瓷内部
产生电流，此时压电陶瓷作为传感器。输
入的电压与电流的比值即为阻抗，其倒数
为导纳。国内外学者根据不同的需求，推
导出了不同形式下 PZT 与结构之间的机
电耦合关系，如 Liang 等人将 PZT 假设为
一端固定的狭长杆件，另一端与单自由度
系统的主体结构相连，如图 8.9 所示。由
该模型推导出的电导纳表达式为[13]

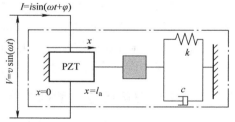

图 8.9　一维机电阻抗模型

$$Y = \mathrm{j}\omega \frac{b_a l_a}{h_a} \left(\overline{\varepsilon}_{33}^{\mathrm{T}} - \frac{Z_s}{Z_s + Z_a} d_{31}^2 \, \overline{Y}_{11}^{\mathrm{E}} \right) \tag{8.1}$$

式中，Z_s 与 Z_a 分别表示结构与 PZT 的阻抗；l_a、b_a、h_a 分别为 PZT 传感器的长、
宽和厚度；$\overline{\varepsilon}_{33}^{\mathrm{T}}$、$d_{31}$、$\overline{Y}_{11}^{\mathrm{E}}$ 分别为复介电常数、压电应变常数和复杨氏模量。该模
型简单实用，但不太适用于 PZT 与结构之间的耦合形式比较复杂的情形。

　　Xu 等人在此基础上将黏结层考虑到一维机电阻抗模型中，将黏结层和主体
结构分别作为两个弹簧 – 质量 – 阻尼系统串联，如图 8.10 所示，由该模型推导
出的电导纳模型表达式为[14]

$$Y = \mathrm{j}\omega \frac{b_a l_a}{h_a} \left(\frac{d_{31}^2 \overline{Y}_{11}^{\mathrm{E}} Z_a}{\xi Z_s + Z_a} \frac{\tan(k l_a)}{k l_a} + \overline{\varepsilon}_{33}^{\mathrm{T}} - \frac{Z_s}{Z_s + Z_a} d_{31}^2 \overline{Y}_{11}^{\mathrm{E}} \right) \tag{8.2}$$

式中，$k = \omega \sqrt{\rho / \overline{Y}_{11}^{\mathrm{E}}}$ 表示波数。比较式（8.2）与式（8.1）发现，式（8.2）中

Z_s 前多了一个系数 ξ，该系数受黏结层的动刚度影响，反映出黏结层对耦合阻抗的贡献。$\xi=1$ 时，该模型与式（8.1）的模型一致，实际上 ξ 几乎不可能为 1，黏结层的厚度和粘贴过程均会对 ξ 产生影响。

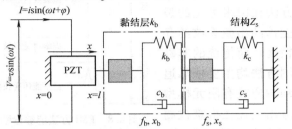

图 8.10　考虑黏结层的一维机电耦合阻抗模型

Zhou 和 Annamdas 还分别提出了二维平面系统的耦合阻抗模型[15]和通用的 PZT 与结构耦合的三维模型[16]。此外，众多学者还提出了许多其他的 PZT – 结构机电耦合模型[17-18]，但无论什么模型，其本质上反映的是压电陶瓷与结构机械阻抗之间的耦合关系。从上述一维机电耦合阻抗模型中可知，导纳取决于压电陶瓷本身的阻抗 Z_a 与结构阻抗 Z_s，一旦导纳信号发生改变，则意味着结构或者压电陶瓷发生损伤或者物理特性发生了改变；此外，从式（8.2）中可知，若利用粘贴在结构表面的压电陶瓷进行结构健康监测时，黏结层的变化将会导致系数 ξ 的变化，进而导致导纳信号的变化，因此黏结层的损伤同样可通过导纳信号的变化得到反馈，该结论同样适用于其他结构形式的机电耦合阻抗模型。

8.3.2　H 形超声压电驱动器的损伤检测

　　检测冲击是否引发 H 形超声压电驱动器的内部、压电陶瓷片或者黏结层中产生微裂纹损伤，首先测试健康状态下每一片粘贴在金属弹性体表面压电陶瓷片的导纳信号，作为结构损伤评估的基础；在每一次冲击之后，测试压电陶瓷片的导纳信号，并与健康状态下的导纳信号进行对比，判断冲击是否导致了压电陶瓷或者结构损伤。为了有效地检测 H 形超声压电驱动器在冲击环境中所受到的损伤，所选择的激励波长应当小于被检测的损伤尺寸[19]，由于 H 形超声压电驱动器的工作频率为 86 ~ 88kHz，且一阶纵振与二阶弯振的波长均恰好为横梁的长度，这里激励频率选为

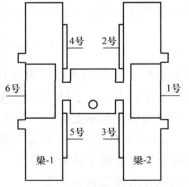

图 8.11　H 形超声压电驱动器
的结构示意图

100kHz ~ 200kHz，其中压电陶瓷片的编号如图 8.11 所示。测试结果如图 8.12 ~ 图 8.17 所示。

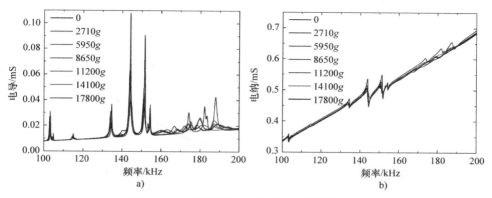

图 8.12 一号压电片在冲击载荷下的导纳变化

a) 导纳实部 b) 导纳虚部

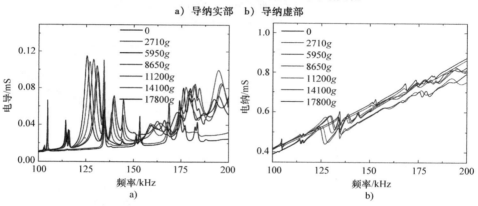

图 8.13 二号压电片在冲击载荷下的导纳变化（见彩图）

a) 导纳实部 b) 导纳虚部

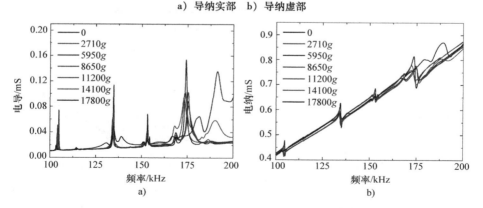

图 8.14 三号压电片在冲击载荷下的导纳变化（见彩图）

a) 导纳实部 b) 导纳虚部

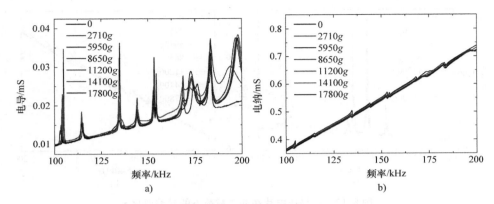

图 8.15　四号压电片在冲击载荷下的导纳变化（见彩图）
a）导纳实部　b）导纳虚部

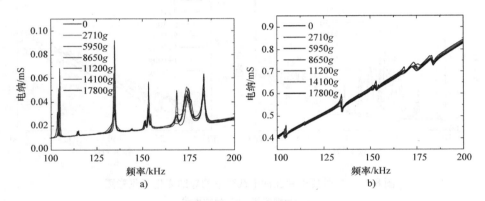

图 8.16　五号压电片在冲击载荷下的导纳变化（见彩图）
a）导纳实部　b）导纳虚部

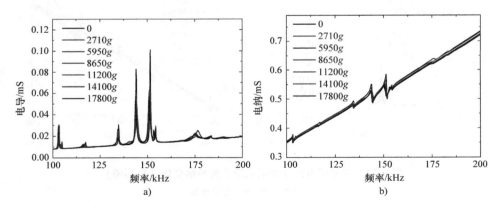

图 8.17　六号压电片在冲击载荷下的导纳变化（见彩图）
a）导纳实部　b）导纳虚部

分析图 8.12 ~ 图 8.17，可以看出：①冲击载荷引起了六片压电陶瓷片的导纳实部（电导）曲线的变化，但是对于不同的压电片，引起的电导曲线的变化情况不同；②一号、三号、四号、五号压电片在 100k ~ 150kHz 频段内电导曲线的变化不明显，在 150k ~ 200kHz 的频段内电导曲线的变化较为明显，且三、四号压电片电导曲线的变化明显强于一、五号压电片；③二号压电片的电导曲线在整个频段内发生明显的改变，且 100k ~ 150kHz 的频段内谐振峰值随着冲击载荷的增加向左移动；在 150k ~ 200kHz 的频段内，二号电导曲线变得杂乱无章，随着冲击载荷的增加，出现了多个谐振峰值且整个电导曲线峰值不断增大；④相较于其他五个压电片，六号压电片电导曲线在 100k ~ 200kHz 的频段内变化不明显；⑤相较于电导曲线，导纳曲线虚部（电纳）曲线的变化程度明显小于电导曲线；⑥一、四、五、六号压电片的电纳曲线在 100k ~ 200kHz 的频段内变化趋势很小，二号压电片的电纳在 100k ~ 200kHz 频段内有着剧烈变化，三号压电片的电纳在 100k ~ 150kHz 的范围内变化很小。

综合六个压电片在 100k ~ 200kHz 频段内的导纳曲线变化情况，可以得出以下结论：①150k ~ 200kHz 频段内电导曲线的变化趋势大于 100k ~ 150kHz 内的电导曲线，这是因为更高的频率对应更小的波长，能够检测到更小的损伤尺寸。这说明冲击确实引起了 H 形超声压电驱动器内部产生了大量的微裂纹，且损伤的尺寸很小；②且相较于电导曲线，电纳曲线的变化程度明显小于电导曲线。这说明电导曲线比电纳曲线对冲击载荷所引起的结构损伤更加敏感。

8.3.3　H 形超声压电驱动器损伤的量化分析

对比冲击前后的压电陶瓷的导纳曲线只能够定性的判断结构是否发生损伤，无法定量的评估损伤的严重程度。目前国内外学者广泛采用的压电阻抗技术损伤指标为：RMSD（均方根偏差）和 CC（相关系数），其中 RMSD 作为通用的结构损伤指标，其可以较为准确地反映两条曲线之间的整体相关性，当两条曲线越相似，RMSD 值越小，反之亦然。CC 指标反映了两条曲线之间相关关系的密切程度，当两条曲线越接近，CC 越接近 1；差异越大，则 CC 越接近 0。由于阻抗或者导纳是复数形式，相应的损伤指标可分为实部指标与虚部指标：

$$\rho_{\mathrm{RMSDR}}(\%) = \sqrt{\frac{\sum_{k=1}^{N} \left[(\mathrm{Re}(Y_k)_j - \mathrm{Re}(Y_k)_i \right]^2}{\sum_{k=1}^{N} \left[\mathrm{Re}(Y_k)_i \right]^2}} \qquad (8.3)$$

$$CC_{\mathrm{Re}}(\%) = \frac{\sum_{k=1}^{N} \left[\mathrm{Re}(Y_k)_j - \mathrm{Re}(\bar{Y})_j \right] \cdot \left[\mathrm{Re}(Y_k)_i - \mathrm{Re}(\bar{Y})_i \right]}{N\sigma_{Y_j}\sigma_{Y_i}} \qquad (8.4)$$

式（8.3）和式（8.4）分别表示均方根偏差 RMSD 和相关系数 CC 的实部指标，N 为总采样点数，i，j 为采样工况，分别代表初始工况和目标工况；Y 为采集到的导纳数据，$\overline{Y}$ 为导纳均值，σ_Y 为导纳方差。虚部指标只需要将对应的实部数据换成虚部数据即可。

为了定量的评估六个压电片的损伤程度，分别计算了六个压电片在 100k ~ 200kHz 频段内电导与电纳的均方根偏差 RMSD 和相关系数 CC 与冲击载荷之间的关系，如图 8.18 和图 8.19 所示。从图 8.18 中可以看出，电导的 RMSD 指标明显大于电纳的 RMSD 指标，一般而言，电导的 RMSD 指标均大于 0.2，在损坏较为严重的情况下超过了 1.2，而电纳的 RMSD 指标一般小于 0.1，大部分低于 0.03，这说明冲击前后电纳曲线的相似程度远远超过了电导曲线；从图 8.19 中可以看出，电纳的 CC 指标均超过 0.98，而电导的 CC 指标明显小于电纳的 CC 指标，一般在为 0.6 ~ 0.8，且随着冲击载荷的增加电导的 CC 指标下降明显。这表明电导对于冲击载荷所引起的损伤比电纳更加敏感，这与从图 8.12 ~ 图 8.17 中定性分析得到的结论一致。事实上，很多研究表明导纳曲线中的实部（电导）比虚部（电纳）对损伤或者结构的整体改变更加敏感，且很多研究结果表明电纳更加容易受到外界条件的影响，比如说载荷、温度变化或者测量导线的长度。因此，在研究冲击对 H 形超声压电驱动器造成的损伤情况时，可选择电导作为测量指标[20]。

由于一、二、三号压电片检测的是梁 -2 的损伤情况，且二号压电片检测到的损伤情况远远大于一与三号压电片检测的损伤，这说明金属弹性体没有产生明显的损伤，损伤主要产生在压电片内部或者黏结层中。更具体的，二号压电片电导的 RMSD 指标在 2710g 时为 0.25，之后均超过了 1，三号压电片仅在 17800g 时的 RMSD 指标超过 1，而其他的压电片在所有工况下的 RMSD 指标均小于 0.5；相应的，二号压电片电导的 CC 指标在 2710g 时为 0.87，之后均小于 0.45，三号压电片仅在 17800g 时的 CC 指标小于 0.2，其他的压电片在所有工况下的 CC 指标均超过了 0.59，这表明二号压电片在 2710g 时产生的损伤较小，之后产生的损伤远远强于其他压电片；三号压电片在 17800g 时产生了较大的损伤，之前产生的损伤较小；而其他压电片相比于二号压电片与三号压电片，产生的损伤较小。

从图 8.17 中定性分析中得出六号压电片在 100k ~ 200kHz 频段内冲击前后的电导曲线的变化不明显，但是通过对其进行计算，发现电导的 RMSD 指标并没有明显的小于一、四、五号压电片，电导的 CC 指标也没有明显的大于一、四、五号压电片，这表明在六号压电片上产生的损伤不小于一、四、五号压电片。由于结构对称性，一号压电片与六号压电片产生的损伤情况应当类似，二、三、四、五号压电片的损伤指标也应当相似，但实际测试过程中存在着明显的差异，这主要是不同压电片之间的差异以及加工粘贴工艺等原因导致的。

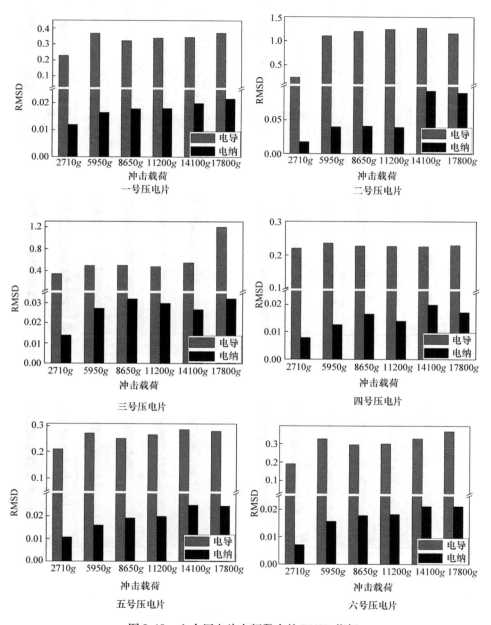

图 8.18　六个压电片在频段内的 RMSD 指标

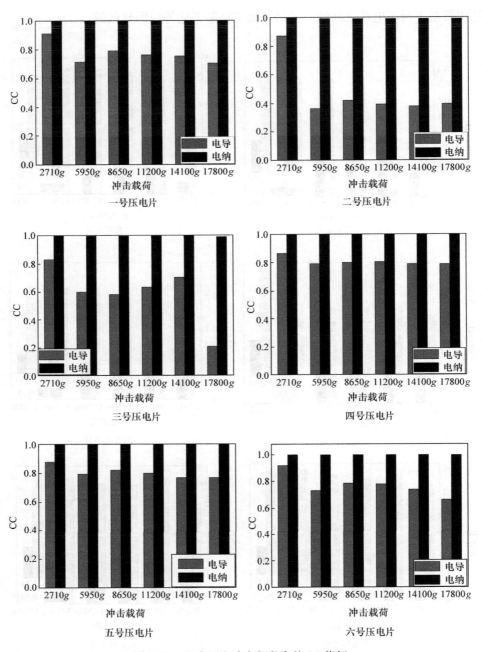

图 8.19 六个压电片在频段内的 CC 指标

8.4　H 形超声压电驱动器性能下降的原因分析

8.4.1　H 形超声压电驱动器谐振频率变化

虽然 8.3 节的研究结果表明冲击引起了 H 形超声压电驱动器表面压电陶瓷片与黏结层中产生了肉眼不可见的微裂纹损伤，但是对于引发 H 形超声压电驱动器性能下降的原因，还需要进一步的研究。每次冲击过后测试了 H 形超声压电驱动器工作模态的频率阻抗特性，结果如图 8.20 ~ 图 8.23 所示，H 形超声压电驱动器中梁的编号见图 8.11。

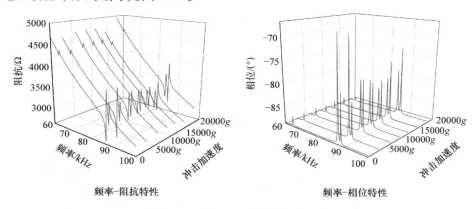

图 8.20　梁 - 1 一阶纵振的电学特性

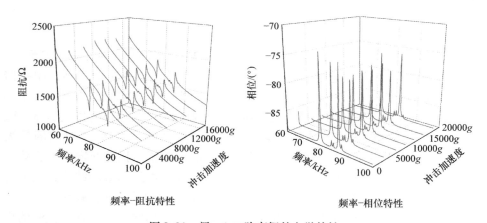

图 8.21　梁 - 1 二阶弯振的电学特性

值得注意的是，当冲击载荷未发生时，H 形压电振子的电学特性与第 7 章中的电学特性存在细微差异，这是因为用于防止焊锡在冲击作用下脱落的胶水轻微

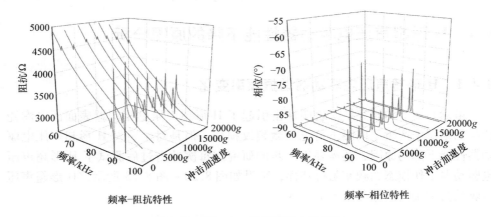

图 8.22　梁 – 2 一阶纵振的电学特性

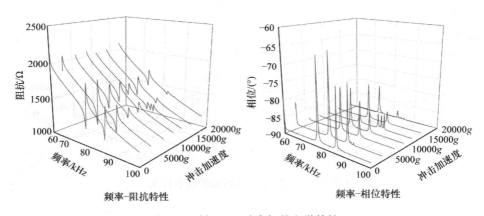

图 8.23　梁 – 2 二阶弯振的电学特性

的改变了 H 形超声驱动器的电学特性。从图 8.21 左图可知，在冲击未发生时，梁 – 1 的一阶纵振工作模态的阻抗达到最大（小）时对应的最大（小）阻抗谐振频率为 87421Hz（87198Hz），该处明显有一个谐波，且在该谐波右侧有一个小的谐波；当冲击为 2710g 时，H 形超声压电驱动器的电学特性没有发生明显的改变；随着冲击载荷的增大，曲线逐渐左移，最大（小）阻抗频率对应的最大（小）阻抗逐渐变小（大），且在谐振频率右侧的小谐波干扰逐渐增大，趋势甚至超过了谐振频率处的谐波；从图 8.21 右图中可以观察到相似的结果，在没有冲击或者冲击载荷为 2710g 时，相位 – 频率曲线在 87200Hz 左右有着峰值，在 88.5kHz 左右有着一个小峰值；随着冲击载荷的增大，曲线逐渐左移，左侧的峰值逐渐降低，右侧峰值逐渐升高。

从图 8.21 ~ 图 8.23 我们可以得出相似的结论，当冲击载荷仅为 2710g 时，H 形超声压电驱动器工作模态的电学特性没有发生明显的变化；随着冲击载荷的增大，阻抗－频率特性曲线逐渐左移，工作模态的最大（小）阻抗频率对应的最大（小）阻抗逐渐变小（大），即对应的谐振变得不明显；相位－频率特性曲线同样随着冲击载荷的增大而逐渐左移，且在谐振频率附近的峰值随着冲击载荷的增大而减小，这一趋势在梁－2 的二阶弯振中体现得尤为明显。若在工作频率附近存在着干扰谐波，在阻抗－频率特性曲线中干扰谐波的干扰趋势随着冲击载荷的增大而增大，相位－频率特性曲线中干扰谐波的相位峰值随着冲击的增大而增大。此外，当冲击载荷为 $11200g$，梁－2 的二阶弯振的阻抗－频率和相位－频率特性曲线中，在工作频率附近出现了三个谐波干扰信号。

从图 8.20～图 8.23 中，我们得到了 H 形超声压电驱动器工作模态的最大阻抗频率 f_{m} 与最小阻抗频率 f_{n} 与冲击载荷的关系，如图 8.24 所示。

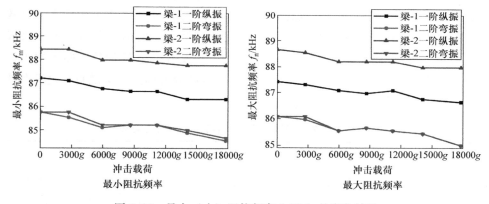

图 8.24　最大（小）阻抗频率 $f_{\mathrm{n}}(f_{\mathrm{m}})$ 的变化结果

显然可见，无论是最大阻抗频率还是最小阻抗频率，均随着冲击载荷的增加逐渐减小，这与频率－阻抗曲线随着冲击载荷的增加逐渐左移相对应。实际上，H 形超声压电驱动器只有在最佳的谐振频率下，才会有最佳的性能输出，而冲击载荷引起了谐振频率的漂移，最终引起了超声压电驱动器性能的下降。此外，随着冲击载荷的增加，在工作频率附近出现了谐波干扰信号，表明在工作频率附近出现了干扰模态。此时，H 形超声压电驱动器在工作频率下的振动响应是几种模态响应混合的结果，振型不纯，驱动足端不会形成一个"纯"的椭圆运动，大大降低了 H 形超声压电驱动器运行的稳定性与效率。

8.4.2　冲击载荷下对 H 形超声压电驱动器有效机电耦合系数的影响

压电振子有六个典型的特征频率，分别为最大阻抗频率 f_{n}，最小阻抗频率 f_{m}，谐振频率 f_{r}，反谐振频率 f_{a}，串联谐振频率 f_{s} 和并联谐振频率 f_{p}。且在一般情况下可认为$f_m \approx f_s \approx f_r$，$f_n \approx f_a \approx f_p$。超声驱动器的有效机电耦合系数表示压电振子中机械能和电能相互耦合的一个参数，其定义为：在机械谐振状态下，一个无负载、无损耗压电振子的机械能和输入的总能量的比值的平方根，其表达式为

$$k_{eff} = \sqrt{1 - \frac{f_s^2}{f_p^2}} \approx \sqrt{1 - \frac{f_m^2}{f_n^2}} \qquad (8.5)$$

将图 8.24 中的数据代入到式（8.5），得到了 H 形超声压电驱动器工作模态的有效机电耦合系数随着冲击载荷的变化情况，见表 8.1。显然有当冲击未发生时，H 形超声压电驱动器梁 - 1 和梁 - 2 一阶纵振的有效机电耦合系数在7.15%，梁 - 1 与梁 - 2 二阶弯振的有效机电耦合系数在 8.75%。随着冲击载荷的增加，H 形超声压电驱动器工作模态的有效机电耦合系数开始波动，其中梁 - 1 的工作模态的有效机电耦合系数的总趋势是增加的，但是梁 - 2 工作模态的有效机电耦合系数在冲击载荷的作用下产生无规律的波动，增加不明显。但结果表明，无论是梁 - 1 还是梁 - 2 的工作模态，冲击并没有引起 H 形超声驱动器工作模态的有效机电耦合系数的显著降低，甚至还有部分的提升。这说明有效机电耦合并不是引起超声驱动器性能下降的原因。

表 8.1　有效机电耦合系数 k_{eff} 与冲击载荷的关系

冲击载荷	梁 - 1		梁 - 2	
	一阶纵振	二阶弯振	一阶纵振	二阶弯振
0	0.07148	0.08748	0.07148	0.08748
2710g	0.07146	0.10094	0.05057	0.08748
5950g	0.08748	0.10095	0.07148	0.08748
8650g	0.08749	0.10095	0.07148	0.10105
11200g	0.10095	0.08746	0.08748	0.08748
14100g	0.10094	0.11279	0.07147	0.10094
17800g	0.08747	0.10095	0.07147	0.08749

8.4.3　冲击载荷下对 H 形超声压电驱动器等效电路参数的影响

一般而言，超声驱动器的单相等效电路如图 8.25 所示[21]。C_d 为压电陶瓷振子的夹持电容，R_m，C_m 和 L_m 分别为压电陶瓷振子的等效电阻、等效电容和等效电感。则超声驱动器等效电路的导纳可以表示为

$$Y = G_p + jB_p \tag{8.6}$$

式中，G_p 和 B_p 分别为动态电导和动态电纳，表达式分别为

$$G_p = \frac{R_m}{R_m^2 + \left[L_m\omega - 1/(C_m\omega)\right]^2} \tag{8.7a}$$

$$B_p = \frac{-\left[L_m\omega - 1/(C_m\omega)\right]}{R_m^2 + \left[L_m\omega - 1/(C_m\omega)\right]^2} + C_d\omega \tag{8.7b}$$

且通过计算可得

$$(B_p - C_d\omega)^2 + (G_p - R_m/2)^2 = (R_m/2)^2 \tag{8.8}$$

以电导 G_p 为横坐标，电纳 B_p 为纵坐标，式（8.8）表明超声驱动器的导纳 Y 的相矢终端为一个圆，圆心在（$1/2R_m$，$C_d\omega_s$），半径为 $1/2R_m$，如图 8.26 所示。且若 R_m 较小，可认为 $f_m \approx f_s \approx f_r$，$f_n \approx f_a \approx f_p$。

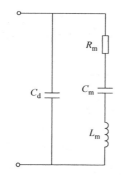

图 8.25 超声驱动器的等效电路   图 8.26 导纳圆示意图

从图 8.26 中可得

$$|Y_{max}| - |Y_{min}| = 1/R_m = G_0 \tag{8.9}$$

$$\omega_s C_d = \sqrt{(Y_{max} + Y_{min})^2/4 - 1/4R_m^2} = B_0 \tag{8.10}$$

且假定超声驱动器的串并联谐振频率与最大小阻抗频率相同，即

$$f_m = f_s = \frac{1}{2\pi\sqrt{L_mC_m}} \tag{8.11}$$

$$f_n = f_p = \frac{1}{2\pi\sqrt{L_m\dfrac{C_dC_m}{C_d + C_m}}} \tag{8.12}$$

通过求解上式，则有

$$C_m = 1/G_0,\ C_d = B_0/\omega_s,\ C_m = (f_n^2/f_m^2 - 1)C_d,\ L_m = 1/(\omega_s^2 C_m) \tag{8.13}$$

从图 8.20~图 8.23 中，我们得到了 H 形超声压电驱动器工作模态的最大阻抗 Z_{max} 与最小阻抗值 Z_{min}，见表 8.2。

表 8.2 最大（小）阻抗值与冲击载荷的情况

冲击载荷	最大阻抗 $Z_{\max}$				最小阻抗 $Z_{\min}$			
	梁-1		梁-2		梁-1		梁-2	
	一阶纵振	二阶弯振	一阶纵振	二阶弯振	一阶纵振	二阶弯振	一阶纵振	二阶弯振
0	3836.93	1710.36	4368.94	1624.59	2669.06	1322.72	2458.75	1178.7
2710g	3777.83	1624.06	4439.44	1586.32	2629.72	1350.77	2501.52	1205.34
5950g	3547.66	1662.36	4045.62	1477.4	2904.21	1364.63	2947.32	1328.04
8650g	3537.42	1701.99	4072.48	1497.98	2955.93	1391.26	2987.22	1350.32
11200g	3449.24	1736.55	3929.23	1447.04	3038.32	1363.99	3110.39	1346.51
14100g	3377.37	1677.47	3935.78	1450.64	2912.48	1405.82	2970.13	1370.91
17800g	3684.63	1728.23	3810.22	1483.77	3083.73	1391.48	2832.09	1431.02

将图 8.24 与表 8.2 的数据代入式（8.21）中，其中 $|Y_{\max}| = 1/|Z_{\min}|$，$|Y_{\min}| = 1/|Z_{\max}|$，得到了 H 形超声压电驱动器等效电路的参数与冲击载荷之间的关系，如图 8.27 所示。

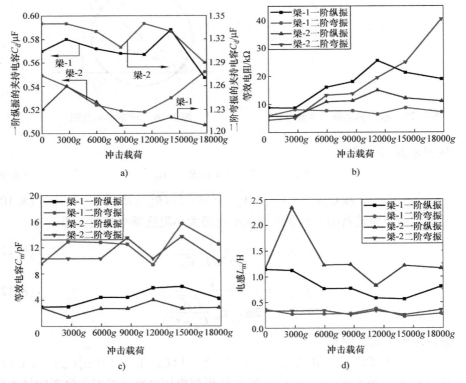

图 8.27 H 形超声压电驱动器等效电路的参数与冲击载荷的关系
a) 夹持电容 C_d b) 等效电阻 R_m c) 等效电容 C_m d) 等效电感 L_m

从图 8.27a 可知，冲击引起了夹持电容 C_d 无规律的波动震荡；从图 8.27b 可知，等效电阻随着冲击载荷的增加而不断的波动上升，其中梁 -1 二阶弯振的等效电阻上升的不明显，而梁 -2 二阶弯振上升趋势十分明显，但梁 -1 与梁 -2 一阶纵振的等效电阻均呈现上升趋势，结合 8.3.3 小节中的分析结果可知，二号压电片的受损比较严重，而二号压电片的损伤主要影响到梁 -2 的二阶弯振，这说明压电片的损伤将使得对应振动模态等效电阻增加；从图 8.27c 可知，等效电容 C_m 在冲击载荷的作用下波动，没有明显的上升或下降趋势；从 8.27d 可知，等效电感 L_m 在随着冲击载荷的增加波动下降。假设 r，m，s 分别对应压电振子的等效机械损耗、等效质量和等效刚度，A 为力因子，则压电振子的等效电阻、等效电容和等效电感 R_m，C_m 和 L_m 分别表示为[22]

$$R_m = \frac{r}{A^2}, C_m = \frac{A^2}{s}, L_m = \frac{m}{A^2} \tag{8.14}$$

结合式（8.14）与图 8.27b 可知，冲击引起了压电振子等效电阻的增加，尤其是梁 -2 等效电阻的增加十分的明显，这意味着压电振子等效机械损耗的增加，超声驱动器的效率的降低，进而引发超声驱动器冲击过后机械性能的下降[23]。

从上述分析可知，虽然冲击没有引起 H 形超声压电驱动器有效机电耦合系数的显著下降，但 H 形超声压电驱动器机械性能还是在冲击载荷的作用下不断衰退，主要原因有：冲击载荷引起了压电片或者粘贴层产生了微裂纹损伤，导致 H 形超声压电驱动器谐振频率的漂移、非工作模态的响应混叠及冲击载荷引起了压电振子等效机电损耗的增加。

8.5　本章小结

本章分析冲击环境对于 H 形超声压电驱动器的影响，为其在安全与解除保险机构中的应用提供了理论与实验基础。模态分析结果表明引信环境中的冲击力对 H 形超声压电驱动器影响最大的是冲击幅值，冲击脉宽影响甚微。显示动力学的分析结果表明激励 H 形超声压电驱动器产生对称纵振的压电陶瓷和胶层比激励 H 形超声压电驱动器产生对称弯振压电陶瓷和胶层的应力更大，且压电陶瓷的应力远大于胶层中的应力。

冲击实验表明，在高达 $17800g$ 的冲击过载的作用下，H 形超声压电驱动器的外观完好无破损，但是实验结果表明随着冲击载荷的增加，超声驱动器的性能下降十分明显，但通过提高驱动电压，驱动器仍然可以正常工作。

利用 EMI 方法对超声压电驱动器表面的压电陶瓷损伤进行了定性与定量分析，结果表明导纳曲线实部（电导）对于冲击载荷所引起的损伤比导纳曲线虚部（电纳）更加敏感，在研究冲击对 H 形超声压电驱动器造成的损伤情况时，可选择电导作为测量指标，且不同的压电片之间的损伤情况不一致，这主要是由于粘贴工艺、以及不同压电片之间的差异所导致的。最后，通过研究冲击载荷对于 H 形超声压电驱动器谐振频率、有效机电耦合系数、等效电学参数的影响，分析引起 H 形超声压电驱动器性能下降的原因。研究结果表明 H 形超声压电驱动器可以承受武器发射冲击过载，通过提升驱动电压可保证基于 H 形超声压电驱动器的安全与解除保险装置的正常工作。

参 考 文 献

［1］李豪杰，张河．引信安全系统及其功能范畴探讨［J］．探测与控制学报，2006（5）：4－7．

［2］李豪杰．引信环境分析、测试与迫弹引信安全系统设计研究［D］．南京：南京理工大学，2006．

［3］Sundaram S，Tormen M，Timotijevic B，et al．Vibration and shock reliability of MEMS：modeling and experimental validation［J］．Journal of Micromechanics and Microengineering，2011，21（4）：045022．

［4］周织建，聂伟荣，席占稳，等．多层 UV－LIGA 电铸镍材料的抗冲击性能［J］．光学精密工程，2015，23（4）：1044－1052．

［5］Booker P M，Cargile J D，Kistler B L，et al．Investigation on the response of segmented concrete targets to projectile impacts［J］．International Journal of Impact Engineering，2009，36（7）：926－939．

［6］王雨时．引信设计用内弹道和中间弹道特性分析［J］．探测与控制学报，2007，29（4）：1－5．

［7］Wang L，Shu C，Jin J，et al．A novel traveling wave piezoelectric actuated tracked mobile robot utilizing friction effect［J］．Smart Materials and Structures，2017，26（3）：035003．

［8］强力环氧胶_产品中心_世林胶业［EB/OL］．（2012－09－10）［2019－10－16］．http：//www.sljy88.com/Files/product81.htm.

［9］Liang C，Sun F P，Rogers C A．An impedance method for dynamic analysis of active material system［J］．Journal of Vibration and Acoustics，Transaction of the ASME，1994，116（1）：120－128．

［10］Chaudhry Z，Joseph T，Sun F，et al，C. A．Local－area health monitoring of aircraft via piezoelectric actuator/sensor patches［C］．In：Proceedings of SPIE，March，San Diego，USA，1995，2443．

［11］Lalande F，Rogers C A，Childs B W，et al．High－frequency impedanceanalysis for NDE of complex precision parts［C］．Proceeding of SPIE－The International Society for Optical Engineering，1996，2712：237－243．

［12］Kaur N，Bhalla S．Combined Energy Harvesting and structural health monitoring potential of embedded piezo – concrete vibration sensors [J]. Journal of Energy Engineering, ASCE, 2015, 141 (4): D4014001.

[13] Liang C, Sun F P, Rogers C A. Coupled electro – mechanical analysis of adaptive material systems – determination of the actuator power consumption and system energy transfer [J]. Journal of intelligent material systems and structures, 1997, 8 (4): 335 – 343.

[14] Xu Y G, Liu G R. A modified electro – mechanical impedance model of piezoelectric actuator – sensors for debonding detection of composite patches [J]. Journal of Intelligent Material Systems and Structures, 2002, 13 (6): 389 – 396.

[15] Zhou S, Liang C, Rogers C A. Integration and design of piezoceramic elements in intelligent structures [J]. Journal of Intelligent Material Systems and Structures, 1995, 6 (6): 733 – 742.

[16] Annamdas V G M, Soh C K. Three – dimensional electromechanical impedance model. I: Formulation of directional sum impedance [J]. Journal of Aerospace Engineering, 2007, 20 (1): 53 – 62.

[17] Yang Y, Hu Y. Electromechanical impedance modeling of PZT transducers for health monitoring of cylindrical shell structures [J]. Smart Materials and Structures, 2007, 17 (1): 015005.

[18] Yan W, Cai J B, Chen W Q. An electro – mechanical impedance model of a cracked composite beam with adhesively bonded piezoelectric patches [J]. Journal of Sound and Vibration, 2011, 330 (2): 287 – 307.

[19] Farrar C R, Park G, Sohn H, et al. Overview of piezoelectric impedance – based health monitoring and path forward [J]. Shock and Vibration Digest, 2003, 35 (6): 451 – 463.

[20] Farrar C R, Park G, Sohn H, et al. Overview of piezoelectric impedance – based health monitoring and path forward [J]. Shock and Vibration Digest, 2003, 35 (6): 451 – 463.

[21] Zhao C. Ultrasonic motors: technologies and applications [M]. Springer Science & Business Media, 2011.

[22] Umeda M, Nakamura K, Ueha S. Effects of a Series Capacitor on the Energy Consumption, in Piezoelectric Transducers at High Vibration Amplitude Level [J]. Japanese Journal of Applied Physics, 2014, 38 (Part 1, No. 5B): 3327 – 3330.

[23] 黄青华. 超声电机的模型仿真和驱动控制技术 [D]. 济南: 山东大学, 2004.

第9章 引信环境对旋转型超声压电驱动器的影响研究

9.1 引言

　　旋转型超声压电驱动器是发展最为成熟的一种超声压电驱动器，在从相机镜头到空间探索[1]和强磁场领域（如核磁共振）[2-3]等极端环境领域内得到了大量的应用。结合引信的工作原理，设计了两种基于旋转型超声压电驱动器的引信安全与解除保险方案，如图9.1所示，图9.1a所示的结构方案中隔爆板与超声压电驱动器转子相固连，驱动器的转子带动隔爆板运动，通过导爆孔的导通或隔断实现传爆序列的导通或隔断；图9.1b的结构中隔爆板与转子通过齿轮啮合实现传爆序列的导通或者隔断。

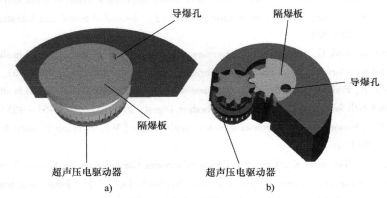

图9.1　基于旋转型超声压电驱动器的安全与解除保险装置

　　冲击载荷作为典型的引信环境，容易造成引信零部件损伤，进而导致失效。因此研究冲击载荷对超声压电驱动器的影响，是将超声压电驱动器作为安全与解除保险执行器的基础与保障，从而揭示超声压电驱动器在冲击环境作用下特性机理，发现超声压电驱动器应用于引信安全系统时所存在的缺陷和不足，为后期的改进提供指导性意见。

　　本章以旋转型超声压电驱动器为研究对象，针对其结构特点分析旋转型超声压电驱动器在冲击环境中可能存在的失效模式，借助有限元方法分析旋转型超声压电驱动器在高过载条件下的动态响应过程，利用马歇特锤进行冲击实验，测试冲击对旋转型超声压电驱动器的性能影响并进行防护实验验证，研究结果为旋转型超声压电驱动器在安全与解除保险装置的应用奠定基础。

9.2　旋转型超声压电驱动器的结构及工作原理

图 9.2a 所示为旋转型超声压电驱动器的实物图，图 9.2b 所示为该超声压电驱动器对应的结构示意图。超声压电驱动器主要由定子、转子、端盖、转轴、摩擦材料及基座等组成。其中，定子是由表面带齿的金属弹性体和压电陶瓷片粘贴在一起的整体，表面齿用于放大定子表面振幅；转子是超声压电驱动器的执行机构，通过自身的变形使定转子间稳定紧密接触，通过定转子之间的摩擦力将定子表面的微幅振动转换成驱动器的宏观运动输出；粘附在转子的摩擦材料层可以提高驱动界面的摩擦性能，降低摩擦界面的磨损量，增加超声驱动器的实际使用寿命；输出动力的转轴和轴承、外部支撑的底座和壳体是超声驱动器的辅助零部件。

压电陶瓷片是超声压电驱动器的核心元件，其中 TRUM60 型超声压电驱动器中压电陶瓷的极化方式如图 9.2c 所示，相邻分区采用正反交替的极化方式。在 A 相与 B 相之间留有正向极化的 λ/4 区域，用于提供频率自动跟踪的反馈信号[4]。在 A、B 两相分别施加相位差为 π/2、同频等幅的交变电压时，在定子工作模态的谐振频率附近会激发出振幅相等，时间与空间均相差 π/2 的两相驻波，并在定子内形成行波，如图 9.2d 所示。借助定、转子之间的摩擦力，行波推动转子运动，向外输出动力。

9.2.1　定子弯曲振动行波的产生机理

行波型超声压电驱动器通过定子产生弯曲振动行波，使得定子表面质点作椭圆运动，从而推动转子运动。要产生弯曲振动行波，必须使得 A，B 两相产生时间和空间均相差 π/2 的驻波，即必须使图 9.2c 中的压电陶瓷片满足两个条件：

1）A、B 两相压电陶瓷在空间上相差 π/2，即相差 1/4 个波长；

2）A、B 两相压电陶瓷施加时间差为 π/2 的高频交变电压。

图 9.3 所示为行波型超声压电驱动器定子展开的等直梁弹性体，在正弦电压 V_A、V_B 的激励下，A、B 两相的驻波振动分别为

$$w_A(\theta,t) = \xi_A \sin n\theta \sin(\omega t + \varphi_A) \tag{9.1a}$$

$$w_B(\theta,t) = \xi_B \sin n\theta \sin(\omega t + \varphi_B) \tag{9.1b}$$

式中，ξ_A、ξ_B 分别表示定子振动的振幅；φ_A、φ_B 分别表示 A 相和 B 相振动的相位。若两相驻波在定子上叠加，得到定子的振动方程为

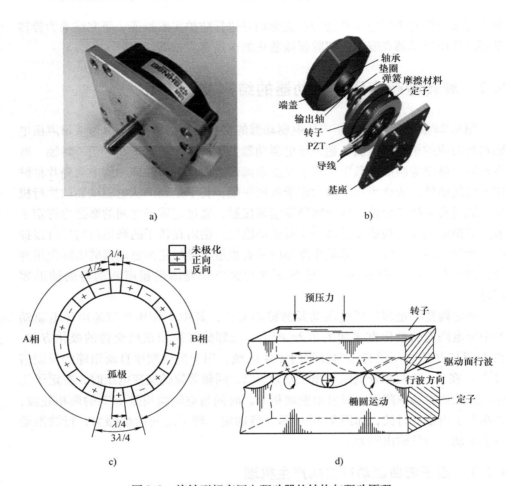

图9.2　旋转型超声压电驱动器的结构与驱动原理

a）旋转型超声压电驱动器实物图　b）旋转型超声压电驱动器结构图

c）压电陶瓷片　d）旋转型超声压电驱动器运行原理图

$$w(\theta,t) = w_A(\theta,t) + w_A(\theta,t)$$

$$= \xi_A \sin n\theta \sin(\omega t + \varphi_A) + \xi_B \sin n\theta \sin(\omega t + \varphi_B) \tag{9.2}$$

　　当压电陶瓷的极化强度一致且施加的两相电压幅值相同，可认为 $\xi_A = \xi_B = \xi$；若 α 为 A、B 两相陶瓷的空间相位差，当 $\alpha = \varphi_A - \varphi_B = \pi/2$ 时，式（9.2）便得到一个正向行波：

$$w(\theta,t) = \xi \sin(n\theta - \omega t) \tag{9.3}$$

　　当 $\alpha = \varphi_A - \varphi_B = -\pi/2$ 时，式（9.2）便得到一个反向行波：

$$w(\theta,t) = \xi \sin(n\theta + \omega t) \tag{9.4}$$

　　通过上述可知，定子圆环中的行波是由时间和空间相位差均为 $\pi/2$ 的驻波叠加而成，且通过改变驻波激励的时间相位差，便可改变行波的传播方向，实现驱动器的正反转控制。

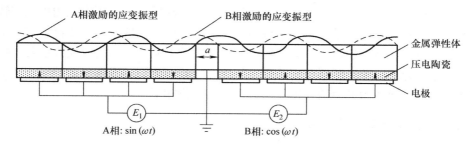

图 9.3　行波型超声压电驱动器定子表面行波的形成

9.2.2　定子表面质点运动轨迹的形成

将定子环形结构展开成一个等直梁，其中 x 坐标与梁未变形中性轴重合，等直梁中性层的振动行波方程可以写成：

$$w(x,t) = \xi \sin(kx - \omega t) \tag{9.5}$$

式中 $x = r_c\theta$，r_c 为定子的等效半径，$k = 2\pi/\lambda = n/r_c$，λ 为行波波长。

超声压电驱动器定子一般假设为克希霍夫薄板，依据克希霍夫薄板的基本假设，定子表面质点纵向振动的方程如式（9.5）所示，而定子等直梁中性层的行波方程得到定子表面在 x 方向上的振动方程：

$$u(x,t) = -h_z \frac{\partial w(x,t)}{\partial x} = -kh_z\xi\cos(kx - \omega t) \tag{9.6}$$

式中，h_z 为定子上表面到定子中性层的距离。结合式（9.5）和式（9.6），得到定子表面质点 z 向与 x 向位移的关系

$$\frac{w^2}{\xi^2} + \frac{u^2}{(kh_z\xi)^2} = 1 \tag{9.7}$$

式（9.7）表明对于旋转型超声驱动器，定子表面的任意一个质点均按照椭圆规律运动，且椭圆运动在 x 向的速度提供了转子的运行速度。

9.3　旋转型超声压电驱动器冲击载荷下可能存在的失效模式分析

通过上述分析可知，超声压电驱动器是一个复杂的机电耦合系统，其主要部件包含有：压电陶瓷片，金属弹性体、转子和预紧力施加机构。其中压电陶瓷片和金属弹性体组成定子，实现能量转换，使得输入的高频交流电转换成定子高频

微幅振动的机械能；转子通过定转子之间的摩擦力将定子的高频微幅振动转换成转子的宏观运动，驱动负载；预紧力机构使得定子与转子紧密接触，使得定转子之间能够产生足够的摩擦力，在旋转型超声压电驱动器中，预压力机构集成在转子中，通过在轴承与转子之间施加垫圈，迫使转子产生弹性变形，使得定转子紧密接触。对于旋转型超声压电驱动器而言，其在冲击载荷下的失效模式主要包括有：压电陶瓷的脱胶或断裂、定子变形导致谐振频率的漂移或振型的畸变，定子与转子的变形导致预紧力的降低或消失，具体分析如下。

9.3.1　压电材料的失效模式

压电材料作为脆性材料，抗压不耐拉，其能承受较大的压应力，但不能承受等值的拉应力。极化好的压电陶瓷环粘贴在定子的下端，其一端通过胶层与定子接合，另一端为自由端，为了简化计算过程，在这里将压电陶瓷片中的应力波传播问题简化为一维问题，如图 9.4 所示。

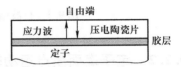

图 9.4　压电陶瓷片中应力波传播过程

当受到冲击载荷的作用，压电陶瓷片中产生了压应力并向自由端面传递，并在自由端产生反射。若仅仅考虑纵波，有

$$\begin{cases} \dfrac{\sigma_T}{\sigma_I} = \dfrac{2\rho_B c_B}{\rho_B c_B + \rho_A c_A} \\[3mm] \dfrac{\sigma_R}{\sigma_I} = \dfrac{\rho_B c_B - \rho_A c_A}{\rho_B c_B + \rho_A c_A} \end{cases} \tag{9.8}$$

式中，σ，ρ 与 c 分别表示应力波、介质密度和对应的波速；I，T 和 R 下标表示入射波，透射波和反射波。这里 A 表示压电陶瓷，B 表示空气，由于空气的密度很低，可简略为 $\rho_B c_B = 0$，可以得到：

$$\frac{\sigma_T}{\sigma_I} = 0, \ \frac{\sigma_R}{\sigma_I} = -1 \tag{9.9}$$

当压应力波传递到自由端，产生的反射波为拉伸波，且幅值相等。此刻在拉伸波的作用下，压电陶瓷可能发生断裂失效。实际上，冲击之后，定子与转子将发生反复碰撞，不断产生应力波传向压电陶瓷片，压电陶瓷将会受到很复杂的拉应力与压应力的作用，在这里仅仅考虑应力波的第一次反射与透射。

此外，压电材料与定子之间通过胶层连接，定子与胶层及胶层和压电陶瓷的连接界面力学性质不匹配，诸如杨氏系数、抗拉强度、热膨胀系数、热传导系数和韧性等具有高度的差异性或者不连续性。在高冲击载荷的作用下，连接界面上会产生相当高的界面应力，若连接强度不足，可能在连接界面产生裂纹以及脱胶等失效现象；此外在实际工程应用中，压电材料与定子之间可能由于制造过程或者结构服役过程中的微小瑕疵而产生微小裂纹，并在冲击载荷的作用下产生宏观裂纹；上述两种现象均会使得压电陶瓷激励定子振动的效率降低甚至完全无法激励定子产生高频微幅振动。

9.3.2　定子的失效模式

　　冲击载荷下定子对超声压电驱动器的影响主要体现在两方面：

　　1）定子发生不可逆的塑性变形导致定子的谐振频率发生漂移或使得定子在工作频率附近产生模态混叠；

　　2）定子的不可逆塑性变形使得定转子之间预压力减小，影响到驱动器的性能输出。

　　图 9.5 所示为弹塑性材料的应力 – 应变曲线。当冲击载荷过大时，结构中部分区域的应力在惯性力的作用下超过材料的屈服应力，产生塑性变形；在该区域内，胡克定律不再适用，应力—应变斜率不再是弹性模量 E，变为塑性模量 E_p，且不同的变形区域有着不同的 E_p。

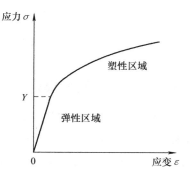

图 9.5　弹塑性材料的
应力 – 应变曲线

　　而旋转型超声压电驱动器利用的是圆环板的面外固有振动模态，其谐振频率为[4]

$$\omega_{mn} = \frac{\lambda_{mn}^2}{a^2}\sqrt{\frac{D}{\rho h}} \qquad (9.10)$$

式中，λ_{mn}^2 是圆环形薄板的面外固有振动模态频率常数，$D = Eh^3/12(1-\mu^2)$ 为板的弯曲强度，a、h 和 ρ 分别为板的外径、厚度及密度。显然，定子的工作频率与材料的弹性模量有关。而冲击将使得定子在不同的区域有着不同的 E_p，这意味着式（9.10）中的 D 在整个定子中不再是一个常数，这可能导致以下两种后果：

　　1）定子的谐振频率将产生飘移。超声驱动器只有工作在最佳的谐振工作频率下，才能产生最佳的性能输出，谐振频率的漂移将使得驱动器的机械性能下降；

　　2）在定子的工作模态附件产生干扰模态，当施加激励信号时，定子的响应不再是一个纯粹的行波，而是几种模态混叠的结果，此时的振型不纯，大大降低超声压电驱动器运行的稳定性和工作效率。

　　定子与转子之间的预压力是驱动器输出性能的保证。定转子直接紧密接触，保证了驱动器性能的输出。在冲击载荷的作用下，定子承受的载荷超过其屈服极限，产生不可逆的塑性变形，使得定转子接触面之间的预压力减小甚至完全消失，如图9.6所示，驱动器的机械性能下降甚至被完全破坏。

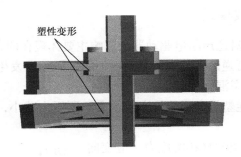

图9.6 定子与转子的塑性变形

9.3.3 转子的失效模式

为了改善驱动器的性能，减少定子与转子接触界面上的径向滑移，驱动器中所使用的转子为柔性转子[5]。由于柔性转子的材料与结构关系，它是整个结构当中较为脆弱的部分。在冲击载荷的作用中，容易被破坏产生不可逆的塑性变形，影响定转子之间的接触。定子和转子之间预压力减小甚至消失，见图9.6，并导致驱动器性能降低甚至完全损坏。这与定子的变形对于预紧力的影响类似。实际上，预压力对超声驱动器的影响主要包括有以下两个方面：

1）适当的预压力将有效地提升驱动器的机械特性，包括堵转力矩，空载转速等。

2）预压力可以避免定子出现模态混叠，减少驱动器在运行时产生的噪声[6]。

对于旋转型超声驱动器而言，定子和压电材料的结构强度远远超过转子，因此转子在冲击环境中更容易变形。

9.4 旋转型超声压电驱动器在冲击载荷下的动态响应

为了分析旋转型超声压电驱动器在冲击环境中的变化过程，利用有限元软件对超声压电驱动器建模并分析其在冲击环境中的动态响应过程，这里以旋转型超声压电驱动器TRUM60作为研究对象，TRUM60定子与转子的示意图如图9.7所示，其中各个参数的具体数值见表9.1。

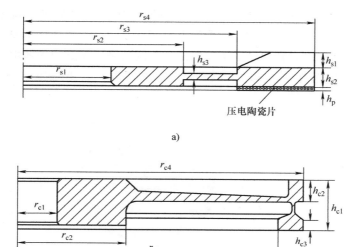

图 9.7　旋转型超声压电驱动器定转子结构示意图

a）定子的结构示意图　b）转子的结构示意图

表 9.1　旋转型超声驱动器定转子的尺寸　　（单位：mm）

尺寸	数值	尺寸	数值	尺寸	数值	尺寸	数值
r_{s1}	9	r_{s2}	16.5	r_{s3}	22	r_{s4}	30
h_{s1}	2	h_{s2}	2.5	h_p	0.5	r_{c1}	4
r_{c2}	11	r_{c3}	27.5	r_{c4}	29	h_{c1}	4.5
h_{c2}	2	输出轴重量				23g	

　　当发生冲击时，结构之间的相互碰撞使得转子有向上运动的趋势，而图 9.2b 的结构图中，端盖与轴承将限制转子的向上运动，因此有限元模型中用一限位片模拟端盖与轴承对转子的限制作用。底座与端盖的强度比定子和转子大得多，因此建模时忽略了底座与端盖，仅保留定子（压电陶瓷和金属弹性体）和转子。输出轴由于其本身的质量将会带动转子运动，因此在模型中将其保留。有限元软件 Workbench 中建立的模型如图 9.8 所示。为了尽可能地接近实际工程情况，金属弹性体与转子采用双线性随动硬化模型材料。输出轴的强度很大，采用线弹性模型，压电陶瓷片实际上是各向异性材料，为了简化计算过程，这里将压电陶瓷简化为各向同性材料。各个部件的材料参数见表 9.2。冲击过程中各个零部件将会产生复杂的相互作用，定子与压电陶瓷片通过胶水粘贴，这里忽略胶层，设定约束为绑定（bonded）约束；定转子设定为摩擦接触，摩擦系数为

0.2；转子与输出轴固接，在模型中设为 bonded 约束；在实际的结构中，输出轴由于基座的约束只会上下运动，设置其在 x 与 z 方向上的自由度为 0；定子的内边界设为固支。此外，输出轴的重量也是建模的关键，这是因为输出轴与转子固连，在冲击载荷的作用下将使得转子的变形增大，输出轴的实际重量列于表 9.1 中。

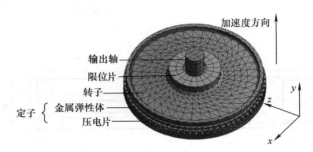

图 9.8　超声压电驱动器的有限元模型

表 9.2　模型材料参数

结构材料	密度/(kg·m^{-3})	弹性模量/GPa	泊松比	屈服强度/MPa	切线模量/GPa
转子（铝合金）	2770	71	0.33	280	500
定子（磷清铜）	8760	112	0.33	440	1150
压电（PZT）	7650	35	0.31	—	—
轴（不锈钢）	7850	200	0.3	—	—

9.4.1　冲击载荷下超声压电驱动器的动态响应分析

图 9.9 所示为超声压电驱动器在经历幅值 2000g、脉宽 1ms 的半正弦冲击载荷后不同时刻的变形情况。冲击方向沿着驱动器输出轴的轴向，即 y 轴正向。当冲击刚刚发生时，输出轴质量大，转子的刚度小，输出轴带着转子中心向下运动，直到位移最大的值，如图 9.9a 所示。由于定转子的弹性作用，输出轴与转子弹回，并与限位片碰撞，如图 9.9b 所示。此后，定子与转子以及转子与限位片之间的相互碰撞，使得结构进入复杂的衰减振动状态，转子不再是一个稳定的圆盘，而是呈现出一种扭曲振动状态，如图 9.9c 所示。整个过程中，定子的最大应力为 380MPa，小于磷青铜的屈服极限，这表明定子没有产生塑性变形，如图 9.9d 所示；转子的最大应力为 374MPa，大于铝合金的屈服极限，说明转子产生了不可逆的塑性变形，如图 9.9e 所示；压电陶瓷的最大应力为 90MPa，小于 PZT 陶瓷的抗弯强度 93.92MPa[7]，如图 9.9f 所示。实际上，压电陶瓷在整个过程中的最大应力为压应力，压电陶瓷抗压不抗拉，其所能承受的最大压应力远远

大于90MPa，这说明压电陶瓷在冲击过程中不会产生损坏。

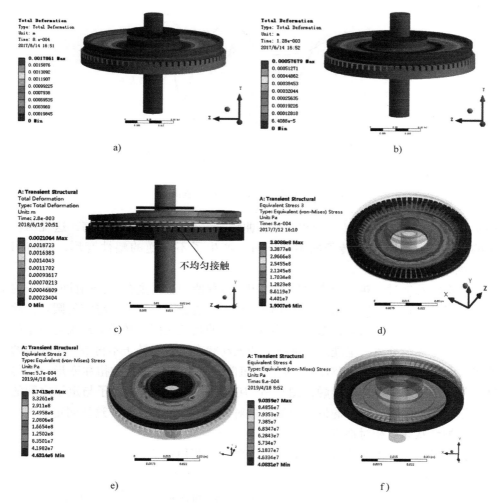

图 9.9　超声压电驱动器在冲击载荷下的动态响应（见彩图）

a）$t=0.8$ms，转子向下运动　b）$t=1.28$ms，转子回弹并与限位片碰撞

c）$t=2.8$ms，转子扭曲振动　d）定子应力最大值

e）转子应力最大值　f）压电陶瓷最大应力值

图 9.10 表示了定转子的最大/小相对位移时程曲线，其中相对位移指的是定子或转子内边缘相对于外边缘的位移。由于定转子在冲击中会产生复杂的相互碰撞，因此将相对位移分为最大与最小相对位移。从图 9.10 可以看出，定转子相对位移的峰值与加速度峰值相比，有着 0.3ms 的时间延迟。定子的相对位移曲线在 $y=0$mm 左右衰减震荡，说明定子强度大，没有产生永久变形，这与

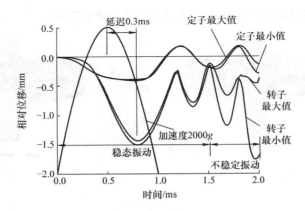

图 9.10 定转子的相对位移时程曲线

图 9.9d 的结果相对应。转子的相对位移曲线一直在 $y<0$ 处衰减震荡，这说明转子的强度小，冲击之后转子的中心下沉，产生了不可逆的塑性变形，这与图 9.9e 的结果相对应。

冲击刚发生时，转子的最大与最小相对位移曲线基本重合，说明此时转子的中心随着输出轴的往复运动而上下振动，转子外边缘保持着一个稳定的圆环，此时是一种稳定的振动状态；随后由于结构之间的相互碰撞，转子的最大与最小相对位移曲线逐渐分离，呈现出一种扭曲的振动状态，整个转子不再是一个稳定的圆盘，与图 9.9c 的结果相对应。转子的扭曲振动将导致转子的扭曲变形，使得转子与定子的产生不均匀接触，图 9.9c 中虚线框清晰显示出转子与定子之间的有着不均匀的间隙。定子的最大与最小相对位移曲线基本一致，这说明定子的强度大，振动状态也相对稳定。

由此可见，冲击载荷对转子的影响主要分为两种状态：

1）转子产生不可逆的塑性变形，转子的中心下沉。

2）冲击结束过后，转子在冲击过程中的扭曲振动导致转子产生扭曲变形，使得定转子的接触界面不均匀。

9.4.2　超声压电驱动器动态响应和冲击脉宽与幅值的关系

超声压电驱动器在冲击载荷作用下的动态响应过程不仅仅取决于冲击的幅值，还取决于冲击载荷的脉宽。本节主要考察不同幅值与脉宽条件下超声压电驱动器的动态响应过程。由于定子的强度大，不易变形。这里仅考察转子的最大相对位移时程曲线。图 9.11a 所示为冲击脉宽为 1ms，幅值从 1000g 逐渐增加到 3250g 时转子的最大相对位移时程曲线。显然随着冲击幅值的增加，转子最大相对位移的峰值也不断增加，当幅值达到 3000g 之后，转子的最大相对位移峰值达到 2.1mm 左右之后就不再增加, 且位移峰值出现的时刻提前, 曲线的脉宽变窄。
这一现象出现的原因是冲击幅值较小时, 转子的回弹主要依靠的是转子本身的弹
性作用, 但随着冲击幅值的不断增加, 转子中心的下沉量不断增加, 而定子的内
边界固支, 最终转子中心与定子中心碰撞, 并弹回, 如图 9.11b 所示, 这导致了
转子最大相对位移曲线的峰值出现的时刻提前, 曲线的脉宽变窄。定子内边界与转
子中心环的距离为 2.5mm, 仿真结果显示冲击后定子外边缘向下运动的位移在
0.4mm 左右, 因此转子的最大相对位移的峰值在达到 2.1mm 左右之后就不再增加。

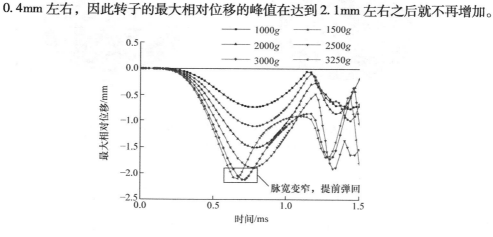

a)

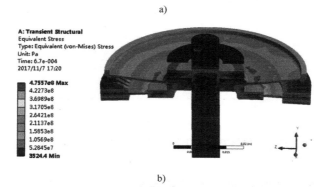

b)

图 9.11 不同幅值下转子的动态响应 (见彩图)

a) 不同幅值下转子的位移时程曲线 b) 定转子中心的碰撞

对超声压电驱动器整体结构进行模态分析, 其在冲击方向即 y 方向上对应的
振型有两个, 分别为一阶振型和六阶振型, 如图 9.12a 和图 9.12b 所示, 对应的
谐振频率分别为 860.47Hz 和 3349.4Hz。实际上, 超声驱动器的输出轴在冲击载
荷作用下不可能保持静止, 因此, 谐振频率为 860.47Hz 的一阶振型更容易被激
发。图 9.13 所示为冲击过载的幅值为 2000g, 脉宽从 0.25ms 到 4ms 逐渐增加时
转子的最大相对位移时程曲线。当脉宽为 1ms 时, 转子的最大相对位移曲线峰

值最大，为 1.51mm；且最大相对位移峰值从大到小分别为 1.51mm、1.39mm、1.17mm、0.87mm 和 0.7mm，对应的脉宽分别为 1ms，0.5ms，2ms，0.25ms 与 4ms。而脉宽 0.5ms 与 1ms 的对应频率为 1000Hz 与 500Hz，最接近一阶振型的谐振频率 860.47Hz，产生的相对位移也较大。这说明冲击载荷的频率接近结构谐振频率时，结构将产生较大变形。

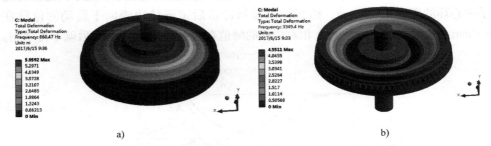

图 9.12　不同脉宽下转子的位移时程曲线及纵向振型（见彩图）

a）一阶振型　b）六阶振型

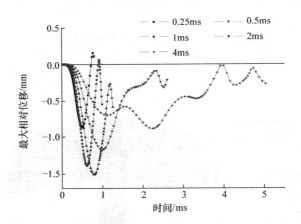

图 9.13　不同脉宽条件下转子的位移时程曲线（见彩图）

9.4.3　转子变形量与预紧力之间的关系

旋转型超声压电驱动器中的预压力机构集成在转子中，通过轴承与转子之间施加垫圈，迫使转子产生弹性变形，使得定转子紧密接触，定子的高频微幅振动通过摩擦力转化成转子的宏观动作。正常状态下，假设垫圈的厚度为 0.3mm，通过有限元方法，计算得到定转子之间的预压力为 229.71N。根据 9.4.1 小节中的仿真结果，转子在冲击载荷作用下的变形主要分为两种：

1）转子中心下沉，这将导致定转子之间预紧力的减少甚至消失；

2）转子的扭曲导致定转子接触界面的不均匀。这里忽略转子的扭曲导致定转子之间不均匀接触，利用有限元方法计算转子中心下沉对预紧力的影响。

计算过程为：假定初始状态下转子中心向下的位移约束为 0.3mm，然后施加静态加速度载荷，使得转子产生塑性变形；然后撤消加速度载荷，得到预紧力的大小；最后撤消对转子的位移约束，得到了转子中心由于塑性变形导致的下沉量为 d_c，如图 9.14 所示。

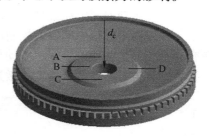

图 9.14　转子变形示意图

通过多次计算，得到预紧力与下沉量 d_c 之间的关系，如图 9.15 所示。显然预紧力随着下沉量的增加而减小，通过拟合得到了下沉量 d_c 与预压力 y_{pre} 的关系

$$y_{pre} = 229.60 - 813.92d_c + 163.93d_c^2 \tag{9.11}$$

显然，想要预紧力恢复到初始值，必须在原先的基础上增加更多的垫片使得转子中心向下的位移约束更大，通过有限元方法，得到了下沉量 d_c 与预紧力恢复到初始状态（229.71N）所需要的额外垫片厚度的关系，如图 9.15 所示，这里将额外垫片的厚度称为补偿量。拟合得到补偿量 y_c 与下沉量 d_c 的拟合关系

$$y_c = 1.76 \times 10^{-4} + 1.08d_c - 0.234d_c^2 \tag{9.12}$$

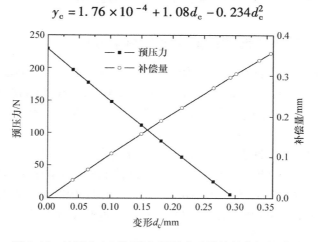

图 9.15　转子中心下沉量与预紧力及补偿量之间的关系

9.5　旋转型超声压电驱动器冲击过载实验研究

选取三个基本一致的超声压电驱动器（TRUM60），分别编号为 1 号、2 号和 3 号，利用马歇特锤对驱动器进行冲击实验，并在冲击之后对驱动器性能进行测试，考察冲击载荷对超声驱动器性能的影响。整个实验平台如图 9.16 所示。

图 9.16a 为冲击实验平台，主要由马歇特锤，加速度传感器与数据采集系统，其中超声压电驱动器固定在夹具内，冲击载荷的大小通过调整马歇特锤上棘轮的齿数来实现，实验过程中准确地控制冲击载荷的脉宽很难实现，因此本实验中主要考察冲击载荷的幅值对于超声驱动器的影响。图 9.16b 为驱动器性能测试平台，包括有超声压电驱动器，不接触激光测速仪以及充当重物的砝码等。

图 9.16　实验测试平台

a）冲击测试平台　b）性能测试平台

9.5.1　超声压电驱动器的性能测试与结果分析

三个驱动器在冲击前的机械性能如图 9.17a ~ c 所示，空载状态下顺（逆）时针的转速分别为 128（126）r/min，116（116）r/min 和 118（117）r/min，顺（逆）时针的堵转转矩分别为 0.7（0.7）N·m，0.75（0.8）N·m 和 0.65（0.7）N·m。

对三个驱动器进行冲击实验，冲击载荷分别为 1630g，1865g 与 2320g 所示。冲击过后，1 号驱动器能够正常工作，但机械性能明显下降；2 号驱动器能够正常工作，但是机械性能下降的更加明显，且在工作时有着沙沙的噪音；3 号驱动器无法正常工作，输出轴松动，可以自由转动，说明预紧力机构失效。冲击过后的驱动器性能如图 9.17 所示。

根据 9.4.1 小节的仿真结果可知，冲击对转子变形的影响主要分为两种：一种是转子中心的下沉；一种是转子的扭曲。图 9.18a 所示为正常转子，直尺抵住转子边缘，直尺与转子中心凸块有明显的距离；但通过冲击过后，直尺直接与 3 号驱动器的转子中心凸块接触，此时与两边缘有个明显的间隙，如图 9.18b 所示。这表明转子的中心在冲击载荷的作用下产生了明显的下沉。

为了验证转子是否产生了扭曲变形，在转子中心区域分别标记了四个不同位置的点 A，B，C，D，见图 9.14，对这四个点的下沉量分别进行测量。测量发

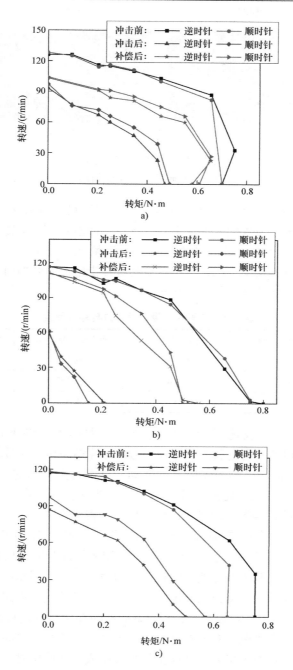

图 9.17　冲击过载对超声驱动器机械性能的影响

a）1 号驱动器的性能变化　b）2 号驱动器的性能变化　c）3 号驱动器的性能变化

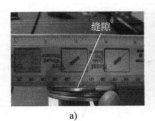
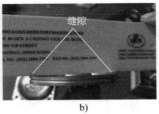

图 9.18　转子的变形比较
a）正常的转子　b）变形的转子

现，在三个转子中，其 A，B，C，D 四个点的下沉量均有着 ±0.01mm 的波动，即转子中心区域不同位置的变形量不同，这说明冲击确实使得转子产生了轻微的扭曲变形。取四个点下沉量的平均值作为下沉量 d_c，见表 9.3 中所示。显然，转子中心在冲击的作用下下沉，且下沉量随着冲击幅值的增加而增加。测量结果证实 9.4.1 小节中的仿真结果是正确的。

表 9.3　转子变形量、预紧力与补偿厚度

编号	下沉量 d_c/mm	预紧力/N	理论补偿厚度/mm	实际补偿厚度/mm
1	0.1	149.8	0.106	0.1
2	0.2	73.4	0.207	0.15
3	0.55	0	0.523	0.45

忽略转子在冲击载荷下所产生的轻微扭曲变形，将下沉量 d_c 代入到式（9.11）中，得到冲击过后的理论预紧力，计算结果显示 3 号驱动器的预紧力为 0，这与冲击过后 3 号驱动器输出轴松动，可以自由转动的试验结果相对应。为了恢复预紧力，可在原先的基础上增加补偿垫片，基于式（9.12）计算得到了理论上所需要的补偿垫片的厚度，结果均列于表 9.3 中。

实验调试所用的补偿垫片如图 9.19 所示，厚度分为 0.5mm、0.2mm、0.1mm 与 0.05mm。在实际的补偿过程中，使用的垫片厚度不仅仅基于表 9.3 中理论计算的结果，还基于实际调试的过程，即通过增加不同厚度的垫片后进行不断调试，使得补偿后的驱动器表现出尽可能好的机械性能。不同驱动器的实际补偿的垫片厚度见表 9.3。可以看出，1 号驱动器的补偿垫片的厚度与理论结果十分接近，而 2 号与 3 号驱动器的补偿垫片的厚度与理论结果之间有着差距。这是由于 2 号与 3 号补偿厚度由多片补偿垫片组合而成，在使用时，垫片之间存在着间隙，使得补偿厚度在数值上有所减小。驱动器在补偿后的机械性能见图 9.17，可以看出驱动器的机械性能在补偿后得到了明显的回复，但是无法恢复到初始状态。可能的原因包括有冲击影响了定子的振动特性以及转子轻微扭曲变形导致的

定转子不均匀接触。

图 9.19　补偿垫片

9.5.2　定子的抗过载能力测试

　　为了测试强度更高的定子的抗过载能力，将 1 号与 2 号驱动器进行幅值更高的冲击过载实验，冲击载荷分别达到 9718.3g 与 3582.6g。冲击过后，两个驱动器均无法正常工作。除了转子之外，没有观察到明显的变形与损坏。利用多普勒激光测振仪对两个定子的振动特性进行测试，结果如图 9.20 与图 9.21 所示。从图中可以看出，1 号定子与 2 号定子的振型仍然相对完整，2 号定子的振型优于一号定子。其中两个定子均存在着波峰高度不一致的情况，在一号驱动器中，还存在由于波形不连续导致的振型畸变。这说明冲击载荷过大引起定子振动特性的畸变。

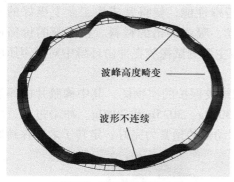

A相振型，频率为39.766kHz

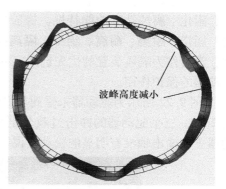

B相振型，频率为39.836kHz

图 9.20　1 号定子的振动特性

　　通过对转子变形量的测试与分析和对定子的振动特性的测试，可知冲击载荷引起超声驱动器性能变化的主要原因分为转子变形导致的预紧力降低与定子振动特性的畸变。其中，转子作为柔性元件，在较低的载荷下就会产生变形，导致引起预紧力降低或消失及定转子之间的不均匀接触，从而引发驱动器的机械性能的下

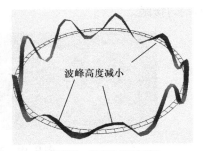

A相振型，频率为40.328kHz　　　　　B相振型，频率为40.328kHz

图9.21　2号定子的振动特性（见彩图）

降。定子的抗过载能力比转子强得多，但是当冲击过载较大时，会产生振型的畸变。

9.5.3　冲击载荷下隔震防护措施对超声压电驱动器性能的影响

超声压电驱动器作为一种精密仪器，若想在冲击环境中保持性能的稳定，离不开缓冲隔震措施的保护。隔振器主要包括有橡胶垫式，碟簧式，油压式等，原理均是通过减小脉冲幅值，增大脉宽来减小冲击环境对于目标的损坏。

橡胶是一种广泛用于隔离振动和吸收冲击的缓冲材料。其最大的特征是弹性模量非常小，而伸长率很高。且具有高弹性和强度的结构特性和耐介质、电绝缘性、耐化学腐蚀性等功能特性。橡胶的特殊性能，使得其成为工业上极好的密封、屈挠、耐磨、耐腐、绝缘、隔离振动、吸收冲击的材料。且橡胶的价格便宜，常常作为隔震装置的优先选择。本节主要测试橡胶在冲击环境中对超声压电驱动器的保护作用。

图9.22 所示为驱动器未受到与受到橡胶保护的实物图，其中橡胶片的厚度为2mm。三个驱动器的冲击过载分别为3090g，3035g 和2980g。冲击过后，驱动器三个输出轴没有明显的松动，说明驱动器的预紧力完好，定转子之间保持紧

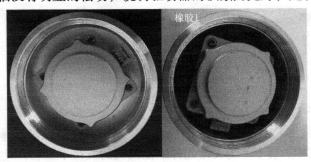

图9.22　橡胶缓冲的实物对比图

密接触。保持状态良好。驱动器冲击前后的性能对比如图 9.23 所示。

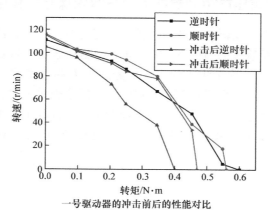

一号驱动器的冲击前后的性能对比

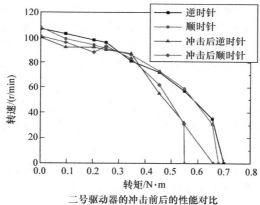

二号驱动器的冲击前后的性能对比

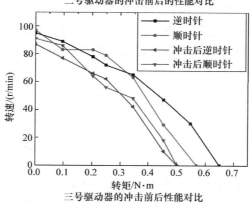

三号驱动器的冲击前后性能对比

图 9.23　橡胶保护下的性能对比

9.5.4　旋转型超声压电驱动器在安全与解除保险机构中的应用分析

旋转型超声压电驱动器的柔性转子抗冲击能力弱，极易在冲击载荷作用下变形失效。在不加防护装置的前提下，TRUM60 型驱动器在 $2320g$ 的冲击过载下便由于柔性转子的变形失效无法正常工作，陈超等人通过实验研究发现 TRUM30 型驱动器的最大冲击过载也仅达到了 $8000g^{[8]}$。但这表明民用的旋转型超声压电驱动器不适用于发射过载达上万 g 的榴弹或者迫弹等弹药中，可用于低发射过载弹药中，且通过施加防护装置可进一步保证旋转型超声压电驱动器的抗过载能力。

9.6　本章小结

本章为探索旋转型超声压电驱动器在引信安全与解除保险机构中作为执行器的环境适应性，分析了经典旋转型超声压电驱动器在冲击载荷下的动态特性。结果表明旋转型超声压电驱动器中的柔性转子极易在冲击环境下变形失效，其变形主要分为：①转子的中心下沉变形；②转子的扭曲振动导致转子产生扭曲变形。定子的强度远远大于转子，不易失效，但定子的在高冲击过载下产生振型畸变。不同的冲击环境对驱动器的变形将会产生不同的影响，冲击幅值越大，驱动器的变形越大；当冲击载荷的频率接近结构的谐振频率时，结构的变形也越大。转子的变形使得超声驱动器的预紧力减小甚至消失，但是理论分析与实验结果表明通过增加补偿垫片可使得预紧力恢复，进而恢复超声压电驱动器的机械性能。但是实际研究中发现驱动器的性能无法恢复到初始状态，主要原因有：冲击影响了定子的振动特性；转子的扭曲变形导致定转子间接触界面不均匀。

研究结果表明民用的旋转型超声压电驱动器可用于低发射过载的弹药中，且通过施加防护装置可进一步保证旋转型超声压电驱动器的抗过载能力，适用于具有较高发射过载的弹药中。

参 考 文 献

［1］ Kubota T, Tada K, Kunii Y. Smart manipulator actuated by Ultra‐Sonic Motors for lunar exploration［C］// IEEE International Conference on Robotics and Automation. IEEE, 2008：3576‐3581.

［2］ Shokrollahi P, Drake J, Goldenberg A. Measuring the temperature increase of an ultrasonic motor in a 3‐tesla magnetic resonance imaging system［C］//Actuators. Multidisciplinary Digital Publishing Institute, 2017, 6 (2)：20.

［3］ Wang X, Cheng S S, Desai J P. Design, Analysis, and Evaluation of a Remotely Actuated MRI‐Compatible Neurosurgical Robot［J］. IEEE robotics and automation letters, 2018, 3

（3）：2144 – 2151.

［4］ Zhao C. Ultrasonic motors: technologies and applications ［M］. Springer Science & Business Media, 2011.

［5］ 陈超，赵淳生. 柔性转子对行波超声波电动机性能的影响 ［J］. 机械工程学报，2008, 44 （3）：152 – 159.

［6］ 王光庆，沈润杰，郭吉丰. 预压力对超声波电机特性的影响研究 ［J］. 浙江大学学报工学版，2007, 41 （3）：436 – 440.

［7］ 冯万里. 纳米复合 PZT 压电陶瓷的制备及其力学性能研究 ［D］. 哈尔滨：哈尔滨工程大学，2008.

［8］ 陈超，任金华，石明友，等. 旋转行波超声电机的冲击动力学模拟及实验 ［J］. 振动. 测试与诊断，2014, 34 （1）：8 – 14.

第10章 超声压电驱动器孤极在引信环境识别中的应用研究

10.1 引言

基于超声压电驱动器体积小、响应快、结构紧凑、断电自锁、控制特性好等诸多优点，将超声压电驱动器作为引信安全与解除保险执行机构，具有不受电磁干扰、可逆恢复、结构紧凑等诸多优势。引信安全系统设计的重点之一是将预定发射周期内所规定的环境激励与非正常发射环境激励正确地区分开，即"环境激励识别"。安全系统对环境激励的识别率对保证武器系统安全和对目标的可靠作用均有重大的影响[1]。机电式安全系统的主要特征便是环境传感器替代了机械环境敏感装置，可探测识别各种微弱的环境信息作为解除保险的启动信息，大幅度提升了安全性与可靠性[2]。超声压电驱动器作为安全与解除保险装置的执行器应用在引信系统中，同样需要与传感器相结合，通过对引信环境的正确探测，实现机构的可靠动作与引信的安全解保。

旋转型超声压电驱动器对压电陶瓷的极化与配置有着特殊的要求，其中压电陶瓷元件中有一块四分之一波长的区域，称为孤极，用于反馈电压信号，减少频率漂移，实现固定负载下转速的稳定控制[3-4]。不同于制导武器执行机构，引信安全与解除保险机构对执行器动作可靠性要求更高，即要求执行器可靠的实现状态的转换，不要求执行器以稳定的速度运动。因此当旋转型超声压电驱动器作为安全与解除保险装置的执行器时，孤极在安全与解除保险机构中没有得到有效利用。

本章提出一种利用压电元件孤极对引信冲击环境的识别方法。通过提取并分析其在冲击环境下的输出信号，实现发射环境或勤务处理意外跌落环境的探测与识别。这一功能实现的基础是孤极输出信号与冲击载荷的大小成正比。本章采用理论模型和实验测试相结合的方式研究利用孤极实现探测与识别发射环境或勤务处理意外跌落环境的可行性，研究结果为孤极在引信使用环境识别领域内的应用提供了理论基础，为识别引信所处的使用环境提供了一种新手段，拓展了超声压电驱动器的新功能。

10.2　基于超声压电驱动器孤极的频率自动跟踪技术

　　为了在旋转型超声压电驱动器定子中产生 A，B 两相驻波并满足空间相位差为 π/2 的要求，通常对压电陶瓷的极化与配置提出特殊的要求，图 10.1a 与 b 所示为两种典型的旋转型超声压电驱动器（TRUM60 和 TRUM30）中压电陶瓷的极化方式，其中 A 相与 B 两相区间内正负交替极化，在 A、B 两相之间留有 λ/4 的区域，称为孤极，用于提供频率自动跟踪控制的反馈信号。

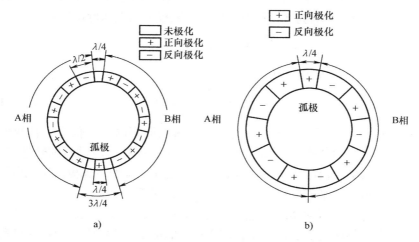

图 10.1　压电陶瓷的极化分区形式

a）TRUM60 型超声压电驱动器　b）TRUM30 型超声压电驱动器

　　旋转型超声压电驱动器的转速 n 与定子质点的轴向振幅 W_{0t} 具有以下的关系[5]

$$n = a\omega_0 \frac{h}{\lambda} W_{0t}(\omega_0) \qquad (10.1)$$

式中，a 表示比例常数；ω_0 表示激励频率；h 表示定子的 1/2 厚度；λ 表示波长，定子质点的轴向振幅 $W_{0t}(\omega_0)$ 表示其在激励频率 ω_0 下的振幅，实质上，定子的振幅 W_{0t} 具有时变性，即使激励频率不变，振幅也会慢慢变化。

　　从式（10.1）中可知，超声压电驱动器的转速与定子的振幅与激励频率成正比。实际上，超声压电驱动器的运动稳定性受温度、摩擦损耗等的因素较大，驱动器长时间运行之后会引起温度上升，而压电陶瓷又恰恰是温度敏感元件，使得定子的谐振频率随着温度的上升而下降。假设超声压电驱动器在工作过程中激励频率产生了一个小的波动 $\Delta\omega$，即有

$$n = a(\omega_0 + \Delta\omega)\frac{h}{\lambda}W_{0t}(\omega_0 + \Delta\omega) \approx a\omega_0\frac{h}{\lambda}W_{0t}(\omega_0 + \Delta\omega) \qquad (10.2)$$

上述近似运算成立的依据是：一般有 $\Delta\omega/\omega_0 < 1\%$。从式（10.2）中可以得到，若能够实时的调整激励频率，使得 $W_{0t}(\omega_0 + \Delta\omega)\equiv\text{constant}$，就能够保持超声压电驱动器转速的稳定控制。在定子行波的作用下，孤极由于正压电效应产生的交流电压为

$$V_f = -\frac{\kappa}{i\omega C_0}\dot{\omega}_f \qquad (10.3)$$

其中，C_0，κ 和 $\dot{\omega}_f$ 分别表示孤极的夹持电容、压电陶瓷元件的力系数和孤极的振动速度。由于 W_{0t} 为缓慢的时变信号，孤极的振动速度可以表示为

$$\dot{\omega}_f = \frac{d}{dt}(W_{0t}\sin\omega t) \approx \omega W_{0t}\cos\omega t \qquad (10.4)$$

把式（10.4）代入式（10.3）中，有

$$V_f = -\frac{\kappa W_{0t}}{i C_0}\cos\omega t \qquad (10.5)$$

从式（10.5）中可知，孤极的电压是与激励同频的交流信号，且幅值与定子的振幅成正比，而从式（10.2）中可知，定子的振幅与驱动器的转速成正比，也就是说，孤极的交流电压与驱动器的转速成正比，即使对孤极的交流电压进行整流和滤波，得到的平均电压也与驱动器的转速成正比。

鉴于孤极电压与驱动器的转速成正比，通过检测孤极的电压，即可实现固定负载下超声驱动器转速的稳定控制，图 10.2 所示为孤极电压反馈频率自动跟踪闭环控制系统的框图。

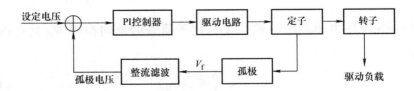

图 10.2　孤极电压反馈控制系统框图

10.3　冲击环境中孤极信号的理论模型

通过提取旋转型超声压电驱动器压电元件中孤极在冲击环境中的输出信号，实现发射环境或勤务处理意外跌落环境的探测与识别，这意味着必须首先证实孤极输出信号与冲击载荷成正比，准确探测与识别加速度的可行性。实质上，当孤

极应用于频率自动跟踪技术时，孤极输出电压实际上反馈的是定子在工作状态下的振幅。同样，孤极在冲击环境中的输出信号同样反馈的是定子在冲击环境中的变形量。

10.3.1 冲击环境中孤极信号的数学模型

旋转型超声压电驱动器的定子由带有梳齿状的圆环形金属弹性体与压电陶瓷环组成，如图 10.3a 所示，理论上可简化成一个内边界固支，外边界自由的克希霍夫圆环板[6]，因此在研究过程采用柱坐标，如图 10.3b 所示，圆环板的内外径分别为 R_1 和 R_2。圆环板满足克希霍夫基本假设，即：

1）变形前与中面垂直的直线，变形后仍然垂直于其中面的直线，且线段长度保持不变。此假设为直法线假设。

2）薄板中面内各点没有平行于中面的位移。即中面内一点沿着 r 方向及 θ 方向的位移均为 0，即 $u_0 = 0$，$v_0 = 0$。且只有沿着中面法线的挠度为 ω_0，在忽略挠度 ω 沿着板后的变化时，可以认为在同一厚度各点的挠度都相同，等于中面挠度 ω_0。

3）在冲击环境中，整个圆板受到轴对称载荷，圆板中的变形与内力也一定是轴对称的即有 $v = 0$，$\tau_{r\theta} = \tau_{z\theta} = 0$。应力分量 σ_z、τ_{zr} 远小于其他两个应力分量 σ_r，σ_θ，取 $\sigma_z = 0$，即平行板中各层互不挤压；直法线假设认为 τ_{zr} 很小，相应的变形可以忽略不计。

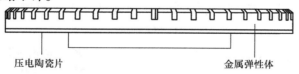

压电陶瓷片   金属弹性体

a)

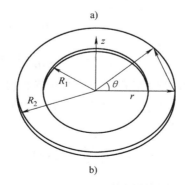

b)

图 10.3 旋转型超声压电驱动器定子示意图及简化圆环板

a）定子的示意图   b）柱坐标示意图

冲击载荷下圆环板的振动微分方程可以表述为

$$\rho\delta\frac{\partial^2\omega}{\partial t^2} + D\left(\frac{\partial^2}{\partial r^2} + \frac{1}{r}\frac{\partial}{\partial r} + \frac{1}{r^2}\frac{\partial^2}{\partial\theta^2}\right)^2\omega = \rho\delta a(t) \tag{10.6}$$

式中，$D = E\delta^3/12(1-\mu^2)$ 表示为圆环板的弯曲强度；E 与 μ 表示圆环板的弹性模量与泊松比；ρ 与 δ 表示圆环板的密度与厚度；$a(t)$ 表示结构受到的冲击加速度，ω 表示圆环板的挠度。

通过式（10.6）求解得到定子在冲击载荷下的动态响应过程比较复杂，这里我们用一种简化的方法进行求解圆环板在冲击载荷下的动态响应过程。根据弹性力学，圆环板在均布载荷 q 作用下的挠度方程为

$$\omega(r) = qf(r) \tag{10.7}$$

其中

$$f(r) = A_1 r^4 + A_2 r^2 \ln r + A_3 r^2 + A_4 \ln r + A_5 \tag{10.8}$$

其中 $A_1 = 1/64D$，$A_2 = R_2^2/8D$，已知，剩余参数 $A_i(i = 3,4,5)$ 可通过求解边界条件得到。定子的边界条件可写成如下数学形式：

$$\omega\mid_{r=R_1} = 0 \tag{10.9a}$$

$$\frac{\mathrm{d}\omega}{\mathrm{d}r}\Big|_{r=R_2} = 0 \tag{10.9b}$$

$$(M_r)_{r=R_2} = -D\left(\frac{\mathrm{d}^2\omega}{\mathrm{d}r^2} + \frac{\mu}{r}\frac{\mathrm{d}\omega}{\mathrm{d}r}\right)\Big|_{r=R_2} = 0 \tag{10.9c}$$

联立式（10.8）、式（10.9），令 $\boldsymbol{A} = [A_3,\ A_4,\ A_5]^{\mathrm{T}}$ 可得

$$\boldsymbol{A} = \boldsymbol{M}^{-1}\boldsymbol{N} \tag{10.10}$$

其中 $\boldsymbol{M} = \begin{bmatrix} R_1^2 & \ln R_1 & 1 \\ 2R_1 & \dfrac{1}{R_1} & 0 \\ 2+2\mu & \dfrac{\mu-1}{R_2^2} & 0 \end{bmatrix}$，$\boldsymbol{N} = -\begin{bmatrix} \dfrac{R_1^4}{64D} - \dfrac{R_2^2 R_1^2 \ln R_1}{8D} \\ \dfrac{R_1^3}{16D} - \dfrac{R_2^2}{4D}R_1\ln R_1 - \dfrac{R_2^2 R_1}{8D} \\ (12+4\mu)\dfrac{R_2^2}{64D} - (2+2\mu)\dfrac{R_2^2}{8D}\ln R_2 - (3+\mu)\dfrac{R_2^2}{8D} \end{bmatrix}$，

假设圆环板在振动时的振动形式与圆环板在静态载荷作用下的静挠度曲线一致[7]。即振动时，圆环板外边沿的挠度为 $\omega_\mathrm{m}(t)$，任意一个半径为 r 处的节点挠度为

$$\omega(r,t) = \frac{f(r)}{f(R_2)}\omega_\mathrm{m}(t) \tag{10.11}$$

当定子振动时，整个圆环板的动能为

$$T(t) = \iint\limits_A \frac{1}{2}\rho\delta\,\dot{\omega}^2(r,t)r\mathrm{d}r\mathrm{d}\theta = \frac{1}{2}m_\mathrm{eq}\,\dot{\omega}_\mathrm{m}^2(t) \tag{10.12}$$

式中，A 表示圆板的面积；m_{eq} 表示圆环板在外边沿的等效质量，通过求解式（10.12），得到 m_{eq} 的表达式为

$$m_{eq} = \rho\delta\iint\limits_{A}\left(\frac{f(r)}{f(R_2)}\right)^2 r\mathrm{d}r\mathrm{d}\theta \qquad (10.13)$$

对于振动过程中任意时刻状态，可认为是圆板在均布载荷 $q' = \omega_m(t)/f(R_2)$ 作用下缓慢变形至该状态。则圆环板在该时刻所储存的弹性势能等于 q' 所做的功，则有以下表达式

$$U(t) = \iint\limits_{A}\int_0^{\omega(r,t)}\left(\frac{\omega_m}{f(R_2)} - \frac{x}{f(r)}\right)\mathrm{d}x r\mathrm{d}r\mathrm{d}\theta = \frac{1}{2}k_{eq}\omega_m(t)^2 \qquad (10.14)$$

式中，k_{eq} 表示圆环板在外边沿的等效刚度，可表示为

$$k_{eq} = \left(\iint\limits_{A}f(r)r\mathrm{d}r\mathrm{d}\theta\right)/f^2(R_2) \qquad (10.15)$$

考虑到结构能量守恒，有 $\mathrm{d}(U+T)/\mathrm{d}t = 0$。圆环板外边沿的振动方程可以表示为

$$m_{eq}\ddot{\omega}_m(t) + k_{eq}\omega_m(t) = 0 \qquad (10.16)$$

通过求解式（10.16），得到圆环板的谐振频率为 $\omega_n = \sqrt{k_{eq}/m_{eq}}$。然而在实际的工程中，结构阻尼是不能够忽略的，假设结构阻尼为 c，则整个圆环板可以简化为如图 10.4 所示的单自由度振动系统。

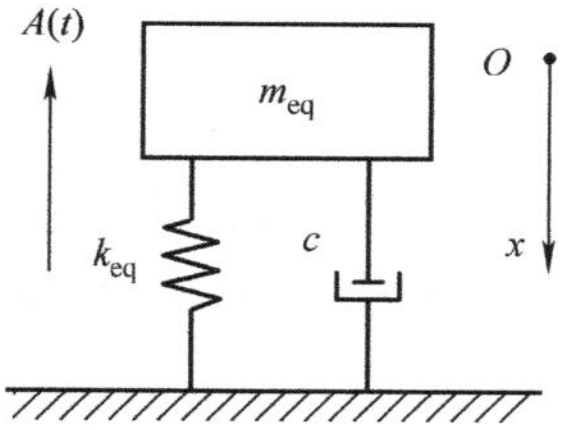

当整个系统经历加速度载荷 $a(t)$，则系统的运动方程可以表示为

$$m_{eq}\ddot{\omega}_m(t) + c\dot{\omega}_m(t) + k_{eq}\omega_m(t) = m_{eq}A(t)$$
$$(10.17)$$

式中，$A(t)$ 表示等效加速度载荷。

图 10.4　圆环板的等效振动系统

显然等效加速度载荷 $A(t)$ 与实际加速度载荷 $a(t)$ 具有相同的结构形式，即有 $A(t) = ka(t)$，k 表示比例系数。式（10.17）对于任意结构形式的加速度载荷 $a(t)$ 均成立。假设整个系统经历静态加速度载荷 $a(t) = C$，等价于整个圆环板受到均布载荷 $q = \rho C\delta$ 的作用，圆环板外边沿的挠度为 $\omega_{m1} = \rho C\delta f(R_2)$；对于方程（10.17）而言，当 $A(t) = kC$，方程的解为 $\omega_{m2} = kC/\omega_n^2$，显然有 $\omega_{m1} = \omega_{m2}$，则得到 k

$$k = \rho\delta\omega_n^2 f(R_2) \qquad (10.18)$$

式（10.17）可进一步改写为

$$\ddot{\omega}_m(t) + 2\xi\omega_n\dot{\omega}_m(t) + \omega_n^2\omega_m(t) = ka(t) \qquad (10.19)$$

式中，$\xi = c/2m_{eq}\omega_n$ 表示阻尼系数。

如果 $a(t) = A_E\sin(\omega t)$，当 $\omega \ll \omega_n$ 时，则圆环板外边沿的挠度为 $\omega_m = kA_E/\omega_n^2$，将式（10.18）代入 $\omega_m = kA_E/\omega_n^2$，得到圆环板外边沿的挠度为 $\omega_m = \rho\delta A_E f(R_2)$。这表明当 $\omega \ll \omega_n$ 时，圆环板外边缘的挠度 ω_m 与加速度幅值 A_E 成正比。

下面分析孤极输出信号与加速度载荷之间的关系，验证通过孤极输出信号识别引信使用环境的可行性。孤极作为圆环形压电陶瓷片中的一块扇形极化区域，其变形与位移是轴对称的。压电方程在柱坐标中的 θ 方向、r 方向和 z 方向分别对应直角坐标中的 1 方向、2 方向和 3 方向。压电陶瓷片中孤极应变与电场的边界条件可表示为

$$s_{r\theta} = s_{rz} = s_{z\theta} = s_{zz} = 0 \tag{10.20a}$$

$$E_\theta = E_r = E_z = 0 \tag{10.20b}$$

其中 s_{ij}（$i, j = r, z, \theta$）表示应变，E_i（$i = r, z, \theta$）表示电场。根据第二类压电方程，孤极中任意一个微元体表面的电位移为

$$D_3 = e_{31}s_{rr} + e_{31}s_{\theta\theta} \tag{10.21}$$

基于弹性力学中的相关理论，圆环板中 r 方向与 θ 方向的应变表达式为

$$s_{rr} = -z\frac{d^2\omega}{dr^2} \tag{10.22a}$$

$$s_{\theta\theta} = -z\frac{1}{r}\frac{d\omega}{dr} \tag{10.22b}$$

结合式（10.11）、式（10.21）与式（10.22）显然可以得到孤极表面在加速度载荷作用下产生的电荷 Q 为

$$Q = \int_{A_s} DdA = \iint_{A_s}(e_{31}s_{rr} + e_{31}s_{\theta\theta})rdrd\theta \tag{10.23}$$

$$= -e_{31}z_p\frac{\omega_m(t)}{f(R_2)}\iint_{A_s}\left(\frac{d^2f(r)}{dr^2} + \frac{df(r)}{rdr}\right)rdrd\theta$$

其中 A_s 表示孤极面积，z_p 表示孤极表面与定子中性面之间的距离。从式（10.23）中可知，孤极产生的电荷 Q 与定子外边缘的挠度 ω_m 成正比，且从式（10.19）中我们知道表明当 $\omega \ll \omega_n$ 时，圆环板外边缘的挠度 ω_m 与加速度幅值 A_E 成正比。则显然有当 $\omega \ll \omega_n$ 时，孤极产生的电荷 Q 与加速度幅值 A_E 成正比，这表明利用孤极输出信号实现引信使用环境识别是可行的。且当 $\omega \ll \omega_n$，圆环板外边沿的挠度为 $\omega_m = \rho\delta A_E f(R_2)$，将其代入式（10.23）中，得到孤极输出信号的电荷灵敏度 S_Q 为

$$S_Q = \frac{Q}{A_E} = -e_{31}z_p\rho\delta\iint_{A_s}\left(\frac{d^2f(r)}{dr^2} + \frac{df(r)}{rdr}\right)rdrd\theta \tag{10.24}$$

10.3.2　定子的等效环形板参数确定

这里以直径为 30mm 的旋转型超声压电驱动器定子作为研究对象，如图 10.5所示。定子的结构尺寸见表 10.1。定子的金属弹性体材料为磷青铜（密度 $\rho = 8760\text{kg/m}^3$，杨氏模量 $E = 1.12 \times 10^{11}\,\text{N/m}^2$，泊松比 $\sigma = 0.28$），压电陶瓷采用 PZT – 4（密度为 7600kg/m^3），压电陶瓷的压电矩阵 $\boldsymbol{e}$，刚度矩阵 $\boldsymbol{c}^{\text{E}}$，和介电矩阵 $\boldsymbol{\varepsilon}^{\text{T}}$ 见表 10.2。

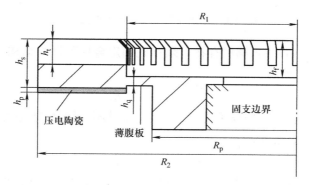

图 10.5　TRUM30 定子结构图

表 10.1　定子的结构参数　　　　　　　　　（单位：mm）

结构参数	数值	结构参数	数值	结构参数	数值	结构参数	数值
R_p	10	R_2	15	R_1	8.5	h_q	0.5
h_s	2.9	h_t	1.5	h_f	2.2	h_p	0.5

表 10.2　压电陶瓷的材质参数

刚度矩阵（$\times 10^{10}\,\text{N/m}^2$）		压电矩阵（C/m²）		介电矩阵（$\times 10^{-9}\,\text{F/m}$）	
c_{11}	13.2	e_{31}	-5.2	ε_{11}	7.124
c_{12}	7.1	e_{33}	15.1	ε_{33}	5.841
c_{13}	7.3	e_{15}	12.7		
c_{33}	11.5				
c_{44}	2.6				
c_{66}	3				

将齿状环形梁展开由金属弹性体和压电陶瓷组成的复合梁，如图 10.6 所示。齿高为 h_t，金属弹性体中去除齿高部分的厚度为 h_b，压电陶瓷厚度 h_p，显然梁

的高度为 $h_t + h_b + h_p$；梁的宽度 $b = R_2 - R_1$；齿宽为 b_t，槽宽为 b_s；z_p 为中性层的高度。

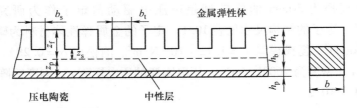

图 10.6　超声压电驱动器定子的复合梁

由于金属弹性体中齿槽的存在，须首先确定金属弹性中结构参数的等效值。等效杨氏模量 E_{dq} 为

$$E_{dq} = (1 - k_t)^3 E_d \qquad (10.25)$$

式中，E_d 为金属弹性体的杨氏模量；k_t 为齿高与金属弹性体厚度之比，即 $k_t = h_t/(h_b + h_t)$。等效密度 ρ_{dq} 为

$$\rho_{dq} = (1 - k_t k_s)\rho_d \qquad (10.26)$$

式中，ρ_d 为金属弹性体的密度；k_s 为槽宽与齿槽总宽度之比，即 $k_s = b_s/(b_t + b_s)$。压电陶瓷表面到中性层的距离为

$$z_p = \frac{1}{2} \frac{E_{dq}(h_t + h_b)^2 + 2E_{dq}h_p(h_t + h_b) + E_p h_p^2}{E_{dq}(h_t + h_b) + E_p h_p} \qquad (10.27)$$

式中，E_p 表示压电陶瓷的杨氏模量。在 z_p 确定之后，另外两个参数 z_f 和 z_s 则可表达为：$z_f = h_b + h_t + h_p - z_p$；$z_s = z_f - h_t$。则显然复合梁的等效杨氏模量为 E_q 为

$$E_q = \frac{E_{dq}I_d + E_p I_p}{I_d + I_p} \qquad (10.28)$$

式中，I_d 和 I_p 分别为金属弹性体和压电陶瓷的惯性矩，表达式分别为

$$I_d = \frac{1}{3} b \left[h_f^3 + (h_0 - h_p)^3 \right] \qquad (10.29a)$$

$$I_p = \frac{1}{3} b \left[h_0^3 - (h_0 - h_p)^3 \right] \qquad (10.29b)$$

则复合梁的等效密度为 ρ_q 为

$$\rho_q = \frac{\rho_{dq}A_{dq} + \rho_p A_p}{A_{dq} + A_p} \qquad (10.30)$$

式中，A_{dq} 与 A_p 分别表示金属弹性体和压电陶瓷的截面积，分别为 $A_{dq} = (h_t + h_b) \times b$ 和 $A_p = h_p \times b$。

根据上述公式，计算得到定子的等效圆环板的参数，见表 10.3。

表 10.3　定子的等效圆环板参数

参数	数值	参数	数值	参数	数值
内径 R_1/mm	10	外径 R_2/mm	15	密度 ρ/(kg/m³)	7665
泊松比 μ	0.28	杨氏模量 E/Gpa	17.5	厚度 δ/mm	3.4
z_p/mm	1.07				

10.3.3　冲击环境中孤极信号的数值计算分析

值得注意的是，由于压电陶瓷环粘贴在带齿环形梁的底部，孤极在冲击环境中的输出特性取决于齿状环形梁的变形。但定子中存在着比齿状环形梁厚度小得多的薄腹板，在冲击载荷的作用下更容易变形，且薄腹板将会对定子的谐振频率产生影响。这里利用有限元方法计算定子在冲击方向上的振型及相应的谐振频率，如图 10.7 所示，谐振频率为 5944Hz。

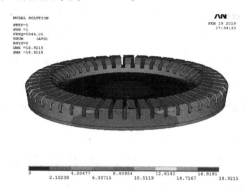

图 10.7　定子在冲击方向上的振型（见彩图）

从式（10.23）中可知，孤极表面产生的电荷量 Q 与定子外边缘挠度 $\omega_{\mathrm{m}}(t)$ 成正比。这表明孤极电荷量 Q 与外边缘挠度 $\omega_{\mathrm{m}}(t)$ 的幅频特性是一致的。假设阻尼系数 $\xi = 0.01$，基于式（10.19）得到孤极电荷量 Q 和外边缘挠度 $\omega_{\mathrm{m}}(t)$ 的幅频特性曲线，如图 10.8 所示。其中横坐标与纵坐标分别表示频率比 λ（$\lambda = \omega/\omega_{\mathrm{n}}$）和放大因子 β（$\beta = Q/Q_0$，Q_0 为静载荷作用下的电荷量）。从图中可知，当 $\lambda < 0.3$ 时，放大因子小于 1.1。鉴于谐振频率 $\omega_{\mathrm{n}} = 5944$Hz，也就是说当加速度的频率小于 1783Hz 时，孤极表面电荷量 Q 正比于加速度的幅值 A_{E}，且误差小于 10%。且加速度的频率越小，产生的误差越小。

将表 10.3 中的参数代入式（10.24）中，得到孤极输出的电荷信号的电荷灵敏度为 $S_Q = 2.3641$pC/g。实际上，冲击载荷 $a(t)$ 往往等价成一个半正弦脉冲，数学表达式可写为

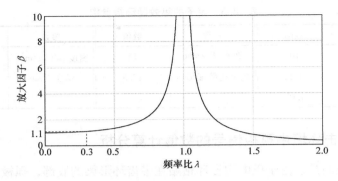

图 10.8　幅频特性曲线

$$a(t) = \begin{cases} A_E \sin(2\pi f_t t), 0 < t < \tau \\ 0, t \geq \tau \end{cases} \tag{10.31}$$

式中，A_E、f_t 与 τ 分别表示等效冲击载荷的幅值、频率与脉宽，且 $\tau = 1/2f_t$。将式 (10.31) 代入式 (10.19) 中，求解得到定子外边沿的挠度方程为

$$\omega_m(t) = \frac{1}{\omega_n \sqrt{1-\xi^2}} e^{-\xi \omega_n t} \sin \omega_n \sqrt{1-\xi^2} t * ka(t) \tag{10.32a}$$

$$\omega_m(s) = \frac{1}{s^2 + 2\xi \omega_n s + \omega_n^2 s^2 + (2\pi f)_t^2} \frac{kA_E 2\pi f_t}{(1 + e^{-\frac{1}{2f_t}s})} \tag{10.32b}$$

式中，符号 "*" 表示两个函数的卷积，$\omega_m(s)$ 为 $\omega_m(t)$ 的拉布拉斯变换。将式 (10.32a) 代入式 (10.23) 中，得到了孤极表面电荷 Q 在冲击载荷作用下的动态变化过程。且 Q 的拉普拉斯变换式为

$$Q(s) = -e_{31} z_p \frac{1}{f(R_2)} \iint_{A_s} \left(\frac{d^2 f(r)}{dr^2} + \frac{df(r)}{rdr} \right) rdrd\theta \omega_m(s) \tag{10.33}$$

从式 (10.32a) 与式 (10.23) 中可知，冲击载荷的幅值 A_E 越大，孤极电荷 Q 越多。除此之外，电荷量 Q 还与冲击载荷的频率与结构的谐振频率有关。

下面探讨冲击频率与电荷量 Q 之间的关系。假设加速度幅值 $A_E = 1000g$，基于式 (10.32a) 和式 (10.23) 得到电荷量 Q 在不同冲击载荷频率（$f_t = 250Hz$，500Hz，750Hz 及 1000Hz）的动态变化曲线，如图 10.9 所示。

显然，图中孤极电荷 Q 的动态响应曲线与加速度信号基本保持一致，电荷量 Q 随着冲击的发生快速增加，并随着冲击的结束进入震荡衰减过程。但是电荷量 Q 的动态响应过程中包含大量的杂波干扰信号。当冲击频率 f_t 分别为 250Hz，500Hz，750Hz 及 1000Hz 时，电荷 Q 的峰值分别为 2434.5pC，2534.1pC，2637.8pC 和 2720.9pC。孤极输出电信号的理论电荷灵敏度为 $S_Q = 2.3641pC/g$，

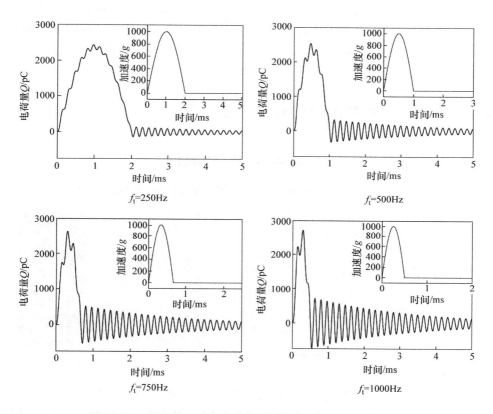

图 10.9　不同频率 f_t 冲击载荷作用下电荷 Q 的动态变化过程

这表明当冲击载荷的幅值 $A_E = 1000g$ 时，电荷量 Q 应为 2364.1pC，该结果与动态响应的峰值误差分别为 2.98%，7.19%，11.6% 和 15.1%。误差结果大于图 10.8 中的结论，这主要是由于冲击引起定子的瞬态振动，但在计算幅频特性时，往往考虑稳态振动，忽略瞬态振动。但从中可得出以下结论：频率 f_t 越大，所引起的幅值误差越大，且衰减震荡的幅值也越大。

将式（10.33）中的 "s" 换成 "$i\omega$"，得到电荷量 Q 的频谱分析结果，如图 10.10 所示。电荷量 Q 在整个频域范围内有两个峰值，一个在低频范围内，另一个在 5944Hz 左右。低频范围内的峰值对应的是加速度信号，

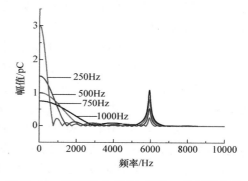

图 10.10　不同频率 f_t 下电荷量 Q 的频谱特性

5944Hz 左右的峰值对应的是结构的谐振信号，该结果表明电荷量 Q 中的衰减信号与干扰信号主要由结构谐振所引起的。且频率 f_t 越大，低频范围内的峰值越小，而 5944Hz 左右的峰值越大。这表明结构谐振对电荷量 Q 的影响随着频率 f_t 的增加而增大。

10.4 冲击环境中孤极信号的标定实验

10.4.1 孤极信号与冲击过载关系的初步验证

为了验证孤极识别引信使用环境的可行性，利用马歇特锤搭建了标定实验平台，如图 10.11 所示。该实验平台主要包括马歇特锤、示波器、标准加速度传感器 CA - YD - 102（江苏联能电子）、数据采集系统。其中，马歇特锤模拟冲击过载环境，通过改变马歇特锤中棘轮的齿数调整加速度幅值。孤极产生的电荷量 Q 与孤极输出电压具有以下关系式：$U = Q/C$，其中：U 为孤极输出电压，C 为孤极等效电容。示波器用于捕捉与采集孤极输出的电压信号，标准加速度传感

图 10.11 标定实验平台

器采集加速度信号。根据前文分析，加速度信号的频率应当小于 1783Hz，这就是说加速度信号的脉宽必须大于 300μs。为了增大加速度信号的脉宽，实验过程中采用一块厚的橡胶垫作为缓冲材料。为了保证实验结果的可靠性，每个棘轮下进行 5 次重复实验，共进行 60 次标定实验。

图 10.12 ~ 图 10.14 所示为马歇特锤的棘轮数为 4、9、13 时，孤极输出的电压信号与标准加速度传感器采集到的加速度信号的对比。当马歇特锤棘轮数为 4 时，标准加速度传感器测得的加速度幅值为 690g，脉宽为 1090μs，如图 10.12a 所示；孤极的输出信号如图 10.12b 所示，信号幅值为 16.4V，脉宽为 1028μs；当马歇特锤棘轮数为 9 时，标准加速度传感器测得的加速度幅值为 775g，脉宽为 954.4μs，如图 10.13a 所示；孤极的输出信号如图 10.13b 所示，信号幅值为 21.6V，脉宽为 988μs；当马歇特锤棘轮数为 13 时，标准加速度传感器测得的加速度幅值为 1145g，脉宽为 759μs，如图 10.14a 所示；孤极的输出信号如图 10.14b 所示，信号幅值为 30.4V，脉宽为 752μs。从图中可以看出，孤极输出的电压信号主要由两部分组成：当冲击发生时，输出的信号与加速度信号相对应，随后定子进入衰减振动，孤极输出高频杂波干扰信号，部分杂波信号的幅值甚至超过加速度信号的幅值。

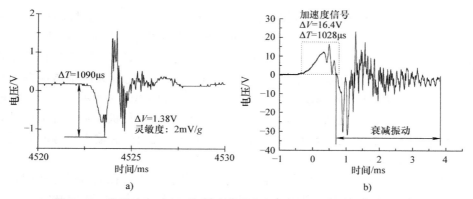

图 10.12　齿数为 4 时，孤极输出信号与标准加速度传感器的信号对比

a）标准加速度信号　b）孤极电压信号

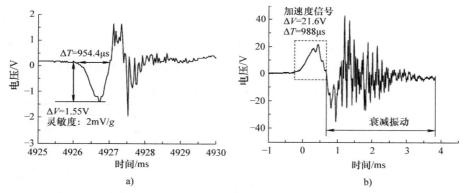

图 10.13　齿数为 9 时，孤极输出信号与标准加速度传感器的信号对比

a）标准加速度信号　b）孤极电压信号

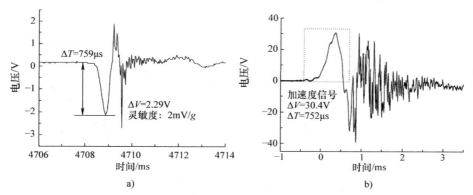

图 10.14　齿数为 13 时，孤极输出信号与标准加速度传感器的信号对比

a）标准加速度信号　b）孤极电压信号

在整个实验过程中，冲击过载从 120g 逐渐增加到 2000g，孤极的输出信号幅值从 2V 逐渐增加到 50V。表 10.4 中列出部分实验数据。当冲击幅值较低时，加速度脉宽最大为 1.87ms；随着冲击幅值逐渐增加，加速度脉宽逐渐降低到 594μs。实验过程的加速度脉宽均超过了 450μs，不会引起较大的幅值误差。对孤极输出的信号幅值与加速度进行线性拟合，结果如图 10.15 所示。电压与加速度之间的拟合优度 R^2 达到了 0.97844，非常接近 1，说明孤极在冲击环境中具有良好的线性输出特性。拟合曲线的斜率为 0.02688，说明孤极输出信号的电压灵敏度为 0.02688V/g。

假设第 i 次实验时，标准传感器测得加速度脉宽为 T_i，孤极测得加速度脉宽为 t_i，总的实验次数为 P，则标准加速度传感器与孤极测得加速度脉宽平均差值为

$$\Delta t = \frac{\sum (T_i - t_i)}{P} \tag{10.34}$$

统计 60 次标定实验结果，标准传感器探测的脉宽平均比与孤极探测的脉宽多 6.3μs，二者之间的误差很小，因此孤极能够精确的测量加速度信号的脉宽。

表 10.4　孤极输出电压与加速度之间的关系

	幅值	脉宽/μs	幅值	脉宽/μs
标准	120.69g	1870	306.06g	1580
孤极	2.2V	1800	10V	1542
标准	565g	1370	690g	1090
孤极	14.4V	1264	16.4V	1028
标准	950g	998.8	1015g	957.6
孤极	21.2V	1004	22V	928
标准	1440g	669.9	1930g	594.2
孤极	36V	718	50.8V	604

10.4.2　孤极输出信号的数字滤波器

实验结果表明孤极的输出信号包含大量的杂波干扰信号，部分杂波干扰信号的幅值甚至超过了加速度信号本身。为提升孤极的动态性能指标，需设计简单有效的数字滤波器去除干扰信号，并为模拟滤波器的设计提供了基础。

设计合适的数字滤波器之前首先需要了解孤极输出信号在频域内的组成，

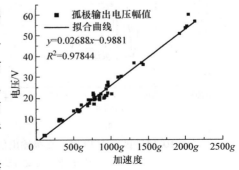

图 10.15　孤极输出电压与加速度的关系

图 10.12b、10.13b 和 10.14b 的频谱分析结果分别如图 10.16a ~ c 所示。显然，在较低的频率范围内，信号幅值较大，该频域内的信号与加速度信号相对应。在 4200 ~ 7800Hz 的频率范围内，信号幅值较大，由于定子结构谐振频率为 5944Hz，说明该频域内的信号与结构的谐振信号相对应。频谱分析结果与图 10.10 得到的理论结果对应，再一次说明干扰信号的主要原因是结构共振。此外，弧极输出信号中还包含有大量的高频干扰信号。对所有采集到的信号进行频谱分析，发现信号在频域内的组成有着相似的特征，即 2000Hz 以下的频域内有着信号峰值，表示加速度信号；4500 ~ 8000Hz 内存在着信号峰值，该部分为干扰信号，主要由结构共振产生；此外，在更高的频率范围内存在着少量干扰信号。

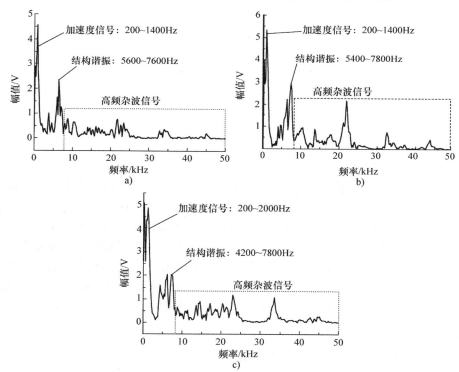

图 10.16　孤极输出信号的频谱分析结果

a）图 10.12b 频谱分析结果　b）图 10.13b 频谱分析结果　c）图 10.14b 频谱分析结果

数字滤波器按结构可以划分为 FIR 数字滤波器与 IIR 数字滤波器。从信号处理的角度看，IIR 数字滤波器比 FIR 数字滤波器有着更大的优势。因此，利用 MATLAB 中现成的 IIR 数字滤波器设计函数设计滤波器。为了有效地去除信号中的噪声，设定通带的拐角频率为 3000Hz，通带内的最大衰减为 1dB，阻带的拐角频率为 4500Hz，阻带最小衰减为 10dB，滤波器的类型为巴特沃斯低通滤波

器。得到了五阶低通滤波器的传递函数为

$$H(z) = \sum_{i=0}^{M} b_i z^{-i} / \sum_{l=1}^{N} a_l z^{-l} \qquad (10.35)$$

其中，$M = N = 5$，$b = [\,0.00088266 \quad 0.0044 \quad 0.0088 \quad 0.0088 \quad 0.0044$
$0.00088266\,]$，$a = [\,1 - 3.1434 \quad 4.1844 - 2.8921 \quad 1.0295 - 0.1501\,]$。滤波器的幅
频特性如图 10.17 所示，3000Hz 时信号的衰减仅仅为 0.5dB，4500Hz 时信号的
衰减为 9.92dB。滤波器的截止频率（信号衰减为 3dB 的频率点）为 3632Hz。

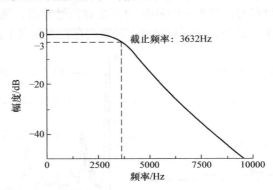

图 10.17　滤波器幅频特性

利用上述滤波器对图 10.12b、10.13b 和 10.14b 的信号进行滤波处理，滤波
前后对比如图 10.18 所示。滤波后的曲线完整地保留了加速度信号的特征，并有
效地去除了结构共振信号与高频杂波干扰信号，滤波效果十分理想。拟合了滤波
后的信号幅值与加速度之间的关系，如图 10.19 所示。信号幅值与加速度之间的
拟合优度 R^2 达到 0.94126，说明滤波后的信号与加速度之间仍然保持着良好的线
性关系。拟合曲线的斜率为 0.02699，即滤波之后的灵敏度为 0.02699V/g，而滤
波之前孤极输出信号的灵敏度为 0.02688V/g，二者误差很小，说明数字滤波处
理没有对孤极输出信号的灵敏度产生影响。

10.4.3　孤极输出信号的模拟滤波器

压电元件具有很高的输出阻抗，且产生的电荷量 Q 非常小，在实际应用中
很容易泄漏，导致测量结果的不确定性。因此设计孤极的信号调理电路的设计至
关重要。

电荷放大电路由于其稳定的灵敏度特性，被广泛用于压电传感器。而孤极同
样作为压电元件，针对其设计的电荷放大电路如图 10.20 所示。输出电压 U_0 可
表示为

$$U_0 = -\frac{Q}{C_f} \qquad (10.36)$$

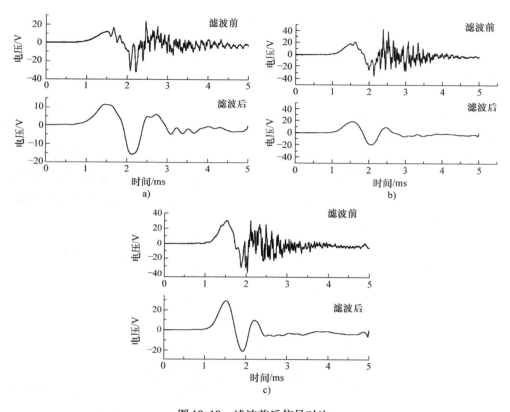

图 10.18　滤波前后信号对比

a）图 10.12b 滤波前后信号对比　b）图 10.13b 滤波前后信号对比　c）图 10.14b 滤波前后信号对比

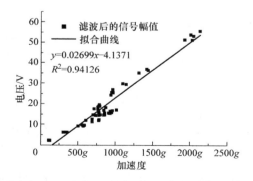

图 10.19　滤波后加速度与信号幅值之间的关系

　　其中 Q 表示孤极产生的电荷量，C_f 是反馈电容。显然，输出电压 U_0 仅与电荷 Q 和反馈电容 C_f 有关。图 10.20 中的参数如下：$C_f = 1\text{nF}$，$R_f = 4.7\text{M}\Omega$，$R_1 =$

$R_2 = 2\mathrm{k}\Omega$。R_f 扮演对电路稳定性和测量精度相关的直流滤波器的作用。电荷放大电路的截止频率 $f_\mathrm{L} = 1/(2\pi C_\mathrm{f} R_\mathrm{f}) = 33.86\mathrm{Hz}$。这意味着该电荷放大电路可以有效地滤除输入直流偏移和低频噪声干扰。运算放大器选用 OP07。

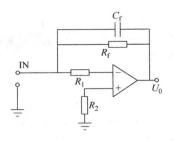

基于 10.4.2 小节中频谱分析的结果，对模拟滤波器提出以下要求：

图 10.20　电荷放大电路

1）滤波器的截止频率为 3.5kHz。

2）当频率大于 4.5kHz 时，信号幅度衰减大于 10dB。基于滤波器设计理论设计出一个四阶巴特沃斯低通滤波器，如图 10.21 所示。图 10.21 中所示的参数值列于表 10.5 中。运算放大器选用 OP 07。

图 10.21　四阶巴特沃斯低通滤波器

表 10.5　四阶巴特沃斯低通滤波器的参数值

电容	数值/nF	电阻	数值/kΩ
C_1	1.49	R_1	33
C_2	1.27	R_2	33
C_3	3.6	R_3	33
C_4	0.527	R_4	33

图 10.21 中虚线框表示二阶的巴特沃斯低通滤波器，其传递函数可以表示为

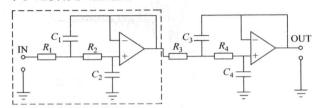

$$A_\mathrm{u}(s) = \frac{K\dfrac{1}{R_1 R_2 C_1 C_2}}{s^2 + s\left(\dfrac{1}{R_1 C_1} + \dfrac{1}{R_2 C_1} + (1-K)\dfrac{1}{R_2 C_2}\right) + \dfrac{1}{C_1 C_2 R_1 R_2}} = \frac{K\omega_\mathrm{c}^2}{s^2 + \dfrac{\omega_\mathrm{c}}{Q}s + \omega_\mathrm{c}^2}$$

(10.37)

式中，$\omega_\mathrm{c} = \sqrt{R_1 R_2 C_1 C_2} = 2\pi f_\mathrm{c}$；$Q$ 表示品质因子；K 表示比例系数，图 10.21 中 K 为 1。则四阶巴特沃斯低通滤波器的传递函数为两个二阶滤波器的乘积：

$$A_\mathrm{u}(s) = \prod \frac{K\omega_\mathrm{c}^2}{s^2 + \dfrac{\omega_\mathrm{c}}{Q}s + \omega_\mathrm{c}^2}$$

(10.38)

基于式（10.38），得到滤波器的幅频和相频特性，如图 10.22 所示。该滤波器的截止频率为 3390Hz；当频率为 4.5kHz 时，信号衰减达到 11.5dB，这说明该滤波器在可以有效地滤除 4.5kHz 以上的干扰信号；当频率低于 2.8kHz 时，信号衰减小于 0.5dB，这说明该滤波器在低频范围内可以有效地保持信号特征。

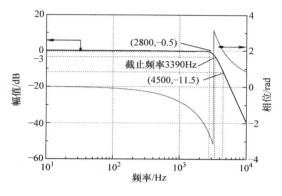

图 10.22　滤波器的特性曲线

连接上电荷放大电路与滤波电路之后，重新对孤极的输出特性进行了标定。为了验证所设计的信号调理电路是否正确，在原先定子的基础上增加了一个定子进行了标定测试，两个定子分别命名为一号与二号。图 10.23 所示为一号定子孤极的输出信号与标准加速度传感器的对比。图 10.24 所示为二号定子孤极的输出信号与标准加速度传感器的对比。相比于图 10.12 ~ 图 10.14 中的结果，显然在增加了信号处理电路之后，孤极的输出信号中没有杂波干扰信号。这说明所设计的信号处理电路能够有效地去除干扰信号，且该信号处理电路适用于此种结构形式的定子。孤极的输出信号与标准加速度传感器的输出信号波形一致，这表明在加上信号处理电路之后，孤极能够有效地采集到加速度信号的波形特征。

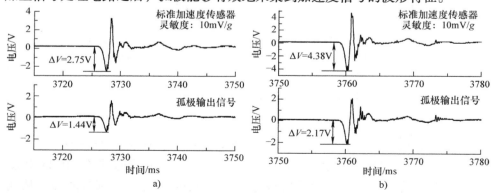

图 10.23　一号定子孤极输出信号与标准加速度传感器信号的对比

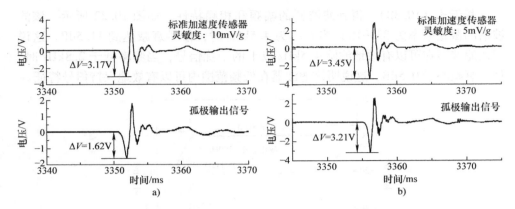

图 10.24　二号定子孤极输出信号与标准加速度传感器信号的对比

　　将一号和二号定子孤极输出的电压信号与加速度之间的关系进行线性拟合，分别如图 10.25a 和图 10.25b 所示。一号定子孤极输出信号的拟合优度 R^2 为 0.9923，该结果优于图 10.15 和图 10.19 的结果，这说明信号处理电路有效地提升了孤极在冲击环境中的线性输出特性；拟合曲线的斜率为 0.00448，说明在连接了信号处理电路之后，一号定子孤极输出信号的电压灵敏度为 4.48mV/g。二号定子孤极输出信号的拟合优度 R^2 为 0.99549；拟合曲线斜率为 0.00388，二号定子孤极输出信号的电压灵敏度为 3.88mV/g。

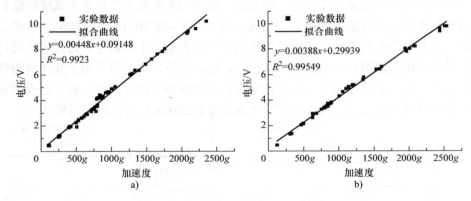

图 10.25　孤极输出信号与加速度的拟合关系式

a）一号定子　b）二号定子

　　需要注意的是，由于图 10.15 中的输出电压取决于关系式 "$U = Q/C_0$"，而图 10.25 中的斜率取决于式 (10.36)，C_0 与 C_f 的不同导致了图 10.25 和图 10.15 中斜率的差异。孤极信号的理论电荷灵敏度为 $S_Q = 2.3641\text{pC}/g$，从式 (10.36) 可进一步推导出连接了信号调理电路之后孤极信号的理论电压灵敏度为 2.3641mV/g，该结果与实验结果存在着差异。这是因为在计算孤极信号的理论灵敏度时，齿状定子被等效计算成一个圆环，等效计算过程增加误差，且实际的材料参数与理论材料参数之间的差异同样会增加误差。事实上，由于加工装配过程中的误差，一号和二号两个完全一样的定子孤极呈现出不同的传感特性。因此，尽管理论结果与实验结果存在差异，但是他们的结果在一个数量级内，我们可认为所建立的理论模型是正确的。实验结果同样表明，孤极信号与加速度过载呈现出良好的线性关系，这表明利用孤极信号实现引信使用环境识别是可行的，但是不同驱动器定子中的孤极具有不同的灵敏度，因此其在使用前必须进行正确的标定。

10.5   孤极信号实行使用环境识别的可行性分析

本节所建立的理论模型证实了利用孤极信号实现引信使用环境探测与识别的可行性。依据第 9 章的分析，旋转型超声压电驱动器作为引信安全与解除保险机构的执行器，适用于导弹或者野战尾翼火箭弹等具有低发射过载的弹药。因此这里通过实验验证了常规 TRUM30 超声压电驱动器定子中的孤极在 2500g 以下输出信号与冲击过载的关系，结果表明孤极信号与加速度过载成正比，可有效地实现引信使用环境的探测与判别。

孤极信号实现引信使用环境的探测与识别，主要是区分发射环境与勤务处理环境，既要保证引信安全系统在勤务处理意外跌落载荷下的安全性，又要保证其在发射环境中的正常工作。勤务处理意外跌落载荷与发射环境加速度载荷常用半正弦曲线表示，如图 10.26 所示。

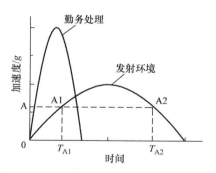

图 10.26   两种典型加速度曲线示意图

勤务处理过程中的意外跌落、磕碰和撞击，均会使得引信受到冲击力的作用，冲击的波形、大小和作用时间与包装方式、弹丸质量、结构尺寸、跌落高度及地面性质有关。当弹丸跌落至土地这类较软的地面上时，所产生的加速度幅值为几十至几百 g，持续时间达到十几毫秒；而弹丸跌落至铁板等较硬的地面时，产生的加速度幅值为 8000g ~ 15000g 之间，作用时间为三百多微秒[8]。迫弹发射时的后坐力一般在 4000g ~ 9000g，一般榴弹炮的后坐加速度可达 10000g ~ 25000g，发射后坐力的持续时间往往达到了十几毫秒[9]。孤极的有用频率为 1783Hz，对应的冲击载荷的持续时间为 280μs，小于勤务处理意外跌落载荷的脉宽，这表明孤极信号能够有效地探测出勤务处理意外跌落载荷和发射环境。

为了有效地区分勤务处理意外跌落载荷和发射环境，减少误判率，可采用"阈值 + 时间窗"的算法加以判别，即预设阈值 A，阈值 A 对应的时间窗口为 $\Delta T = \Delta T_{A2} - \Delta T_{A1}$。当时间窗口 ΔT 满足要求时，才可认为满足解保条件。综上，孤极传感器能够准确地探测勤务处理意外跌落载荷和发射环境，并可基于"阈值 + 时间窗"的算法准确的识别引信使用环境。

10.6 本章小结

本章提出当旋转型超声压电驱动器作为安全与解除保险机构的执行器时，可利用环形压电元件中孤极输出信号实现引信使用环境的探测和识别。理论分析结果表明，当加速度信号的频率远小于定子的谐振频率时，孤极产生的电荷量 Q 正比于加速度的幅值，这为利用孤极信号识别引信使用环境的可行性打下了理论基础。实验结果表明在 $2500g$ 以下，孤极具有很好的线性输出特性，且通过设计合适的滤波器，可在滤除杂波信号的同时进一步提升孤极信号与加速度间的线性关系。最后，对孤极信号识别引信使用环境的可行性进行了分析。当旋转型超声压电驱动器作为安全与解除保险机构的执行机构时，本章的研究内容为识别引信所处的环境提供了一种新手段，进一步拓展了超声压电驱动器的功能。

参 考 文 献

［1］马宝华. 战争、技术与引信——关于引信及引信技术的发展［J］. 探测与控制学报，2001，22（1）：1 – 6.

［2］张合，李豪杰. 引信机构学［M］. 北京：北京理工大学出版社，2014.

［3］Zeng J S, Luo W H, Lei X H. Researches on frequency tracking technology of utrasonic motor［C］// Symposium on Piezoelectricity. China：IEEE, 2011：270 – 274.

［4］赵首帅. 超声电机驱动控制技术研究［D］. 哈尔滨：哈尔滨工业大学，2014.

［5］Zhao C. Ultrasonic motors：technologies and applications［M］. Springer Science & Business Media, 2011.

［6］Chen C, Zhao C. A novel model of ultrasonic motors with effect of radial friction in contact mechanism［J］. Journal of Electroceramics, 2008, 20（3 – 4）：293 – 300.

［7］张义民. 机械振动［M］. 北京：清华大学出版社，2007.

［8］《引信设计手册》编写组. 引信设计手册［M］. 北京：国防工业出版社，1978.

［9］王雨时. 引信设计用内弹道和中间弹道特性分析［J］. 探测与控制学报，2007，29（4）：1 – 5.

第 11 章 超声压电驱动式安全与解除保险装置的功能及逻辑安全实现

传统机电式安全系统解除保险的实现一般通过电点火管产生的火药气体驱动，或电作动器直接驱动隔爆机构运动从而解除保险，该类解除保险方式具有结构简单、价格低廉的优点，但存在功能单一的劣势，一旦解除保险难以恢复成安全状态；本书依据超声压电驱动器设计的引信安全与解除保险装置，具有保险距离可控、安全状态可逆转换、安全状态无损检测与识别潜在功能，本章将对上述三种功能的实现进行阐述与分析。

对于环境信息明显的旋转弹，实现双环境的保险相对比较容易；对于环境信息不明显的无旋弹，比如迫击炮弹（迫弹），对其双环境信息的识别及基于双环境信号的逻辑安全实现尤为重要。本书所设计的压电驱动式安全与解除保险装置主要针对迫弹引信，因此本章在对迫弹双环境信号选取与识别的基础上，对超声压电驱动式安全与解除保险装置系统的逻辑安全进行分析，并给出其逻辑结构，实现其逻辑安全性。

11.1 炮口保险距离可控功能实现

11.1.1 炮口保险距离定义

引信的炮口保险性能，实际上是指引信的解除保险性能。狭义上讲是指炮口保险距离，即引信在此距离范围内不解除保险。而广义上还应包括可靠解除保险距离，即引信在可靠解除保险距离以外引信完全解除保险。在从炮口保险距离到可靠解除保险距离的范围内引信只是部分解除保险，但随着离炮口距离的增加，引信解除保险的比率逐渐增大[1]，炮口保险距离概念如图 11.1 所示。炮口保险距离和可靠解除保险距离这两项指标是衡量引信安全性和可靠性的重要指标[2]，炮口保险距离通过引信远距离解除保险机构保证和实现，在平时和发射后安全距离内应保证引信中被保险零件处于被控制的保险状态，当弹丸飞到安全距离以外时，释放被保险零件，使其由保险状态迅速变为待发状态。远解机

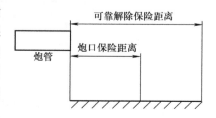

图 11.1 炮口保险距离概念图

构可保证引信在炮口附近安全，避免意外发火伤及我方人员及装备[3]。迫击炮弹发射时士兵暴露无防护，因此迫击炮弹引信延期解除保险意义重大。

11.1.2 延期解除保险及保险距离可控的实现

随着引信技术的发展，对安全系统的要求逐渐提高，如冗余保险、远距离解除保险等。传统的机械式安全系统利用发射过程中的惯性力解除保险[4]，如利用曲折槽后坐保险机构获得一定的延期解除保险距离，利用被保险零件在爬行力作用下运动到位需要一定时间来实现远距离解除保险；火药延期机构、无返回力钟表机构延期和电子定时延期也是传统延期实现远距离解除保险的重要选择。其中机械式解除保险的过程难以精确控制，长期贮存延期药剂的理化性能和钟表机构的机械性能有可能发生变化，直接影响延时的准确性[5]，从而导致引信解除保险距离不精确，影响炮口保险性能。

GJB 373A—1997《引信安全性设计准则》要求引信应有一个保险件提供延期解除保险，以保证在规定的所有使用条件下均能达到安全距离要求。文中提出的超声压电驱动器用来驱动引信安全与解除保险装置中的隔爆机构实现延期解除保险，滑块即为隔爆件同时也是超声压电驱动器的一部分，使得保险机构更加简单。当探测电路识别到出炮口的环境信息且符合时序逻辑，控制电路延时一段时间后超声压电驱动器驱动电路通电，该时刻为安全和解除保险装置离开安全状态的起点。超声压电驱动器滑块动作过程为引信由安全状态向待发状态过渡的动态过程。滑块运动到位为安全和解除保险装置达到待发状态的时刻，这一过程框图如图 11.2 所示。

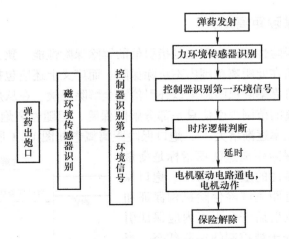

图 11.2　压电驱动式安全与解除保险装置作用过程框图

控制电路延时和隔爆机构运动过程共同实现引信延期解除保险，所设计的压电驱动的隔爆机构如图 11.3 所示。采用超声压电驱动器作为机电式引信安全保险装置解除保险的做功元件，其解除保险的动作过程速度可通过调节驱动信号电压、频率或两相相位差来改变。根据不同的炮口保险距离指标设定超声压电驱动器动作速度，控制解除保险时间，从而实现炮口保险距离的可控，能满足不同的炮口保险性能指标。

a)　　　　　　　　　　　　b)

图 11.3　压电驱动的引信隔爆机构

a）保险状态　b）待发状态

11.2　安全状态可逆转换功能实现

11.2.1　引信安全状态可逆现状及必要性

引信安全状态控制的主要目的是确保引信在进入预定解除保险程序之前可靠地处于安全状态，在进入预定解除保险程序并满足解除保险条件（阈值、时序等）时可靠完成解除保险动作而处于待发状态，该功能由安全与解除保险装置来实现。

随着高技术武器装备的不断发展，要求现代引信安全与解除保险装置不应仅仅局限于避免发射周期内完成延期解除保险之前对己方人员及器材的伤害，而且要确保引信以及弹药在全寿命周期内对所有非目标对象的安全性[6]。例如，在一些攻击出现异常情况下，如未找到目标的弹药或引信发火控制系统未按预定条件工作而出现哑弹时，为了保证发射阵地或友军安全或哑弹处理安全，要求引信具有利用战场网络信息或指令由待发状态再恢复到安全状态的功能[7]；某些现代水中兵器，如新型水雷已要求引信系统具有值守功能，即利用遥控指令将处于待爆状态的引信再恢复到安全状态[8-9]。国内已有研究人员设计出基于滑块的继续运动进入另一安全位置的可恢复隔爆机构[10]，但是结构较复杂，尺寸大，并且恢复安全状态后不能再解除保险。也有研究人员利用步进超声压电驱动器实现恢复保险[11-12]，具有多次反复、不需要保险机构和闭锁机构、易于实现延期解除保险等优点，但是存在功耗大、电磁噪声大、难以耐高过载、体积大和成本高等一系列问题，目前仅见用于发射过载较低的高价值弹药引信中。文中提出压电驱动式引信安全与解除保险装置具有运动可逆的特点，可实现恢复保险功能。

11.2.2 引信安全状态可逆的实现

可逆式引信安全与解除保险结构如图 11.3 所示，超声压电驱动器用于引信安全与解除保险装置，驱动隔爆件的动作，压电驱动器的滑块即为隔爆件的隔爆板，是整个隔爆机构的关键构件，隔爆板的动作完全由振子驱动，并由控制电路发出的指令控制。

弹药发射后，当引信中的信号处理模块接收到相应的环境信息时，压电陶瓷在指令作用下通电，振子在超声频段产生微观机械振动，通过摩擦力驱使滑块开始直线运动，即隔爆板发生动作。隔爆板由安全状态到解除保险状态的行程为预先设定，滑块的运动速度可通过调节驱动信号电压幅值或驱动信号频率或两相驱动信号相位差来控制，根据炮口保险距离的要求，结合弹丸出炮口速度调节。隔爆板运动到位后，压电陶瓷断电，滑块瞬间停止运动，传爆序列对正，引信隔爆机构处于待发状态，如图 11.3b 所示。当弹药攻击出现异常需要恢复到隔爆状态时，信号处理模块接收到相应的信息，改变压电陶瓷片上两相驱动信号相位差，即可实现超声压电驱动器滑块的反向运动，运动的距离与由安全状态向待发状态转变时的距离相同，隔爆板运动到位后引信恢复到安全状态，如图 11.3a 所示。若在发射过程中未发生结构破坏，此时的引信与解除保险装置仍完好，可再次使用，对于高价值弹药将是一个很好的安全系统方案选择。

11.3 安全状态无损检测功能实现

11.3.1 引信安全状态检测现状及必要性

引信是保证弹药安全、发挥武器系统终端威力、实现武器系统整体效能的关键一环[13]，它是否处于安全状态直接影响着引信的储存、运输和使用安全性。目前在引信生产过程中一般采用模拟试验装置进行引信安全性检测，但必须在试验之后拆开引信进行人工复位，无法做到引信安全性无损检测。引信出厂后，弹药作为部队储存量最大、携行量最大的装备之一，从储存点到作训使用地点，要经多个中间环节，如堆码、倒垛、装卸、运输等，在以上过程中，极易出现意外事故。例如堆码、倒垛和装卸过程的跌落，运输过程中的撞车、翻车，贮存过程中爆炸冲击等，使引信遭受意外环境，影响引信的安全性。为确保部队的使用，这些部队仓库以及战场上存在安全性隐患的引信，不可能运回生产部门进行检测，也不可能进行基地化集中检测[14]。目前确定引信是否处于安全状态的方法有两种：一是人工分解检查，二是引信 X 射线成像后人工肉眼识别。由于引信内部有含能元件，人工分解存在一定的安全隐患；引信 X 射线成像后人工肉眼识别可靠性低，人眼易疲劳，容易造成误判。另外，事故引信的安全性一直没有合适的检测手段，一般进行现场销毁，事故发生后对引信安全性和可靠性到底产生什么样的影响无从考证，不能为引信改进设计、技术处理和应用提供决策依据[15]。因此对引信安全性进行无损检测成为保障弹药安全可靠作用、降低检测成本急需解决的方法。基于本书所设计压电驱动式安全与解除保险装置，进行功能拓展后，可实现安全状态无损检测功能。

11.3.2　新型引信安全状态无损检测结构

1. 无损检测原理

针对超声压电驱动的引信安全与解除保险装置，设计了一种基于光敏电阻的安全状态无损检测结构，如图 11.4 所示。在引信基体宽度方向的内壁一侧嵌入面光源，另一侧相对位置嵌入光敏电阻，检测引信安全状态时，面光源点亮，光线照在对面的光敏电阻上，此时光线最强，光敏电阻阻值最小，输出电压最大；随着超声压电驱动器滑块的运动，逐步遮挡面光源发出的光线，导致光敏电阻的阻值逐渐增大，输出电压减小。可实现两方面的无损检测：

1) 检测超声压电驱动器是否能正常运行；

2) 检测超声压电驱动器是否处于初始位置。

第一方面可通过测量光电转换电路的输出电压，如果输出电压保持线性变化，则超声压电驱动器匀速运行正常；第二方面，超声压电驱动器在初始位置时，光敏电阻接收到的光强最大，此时光敏电阻最小，对应初始输出电压最大，如果检测电压小于预设的初

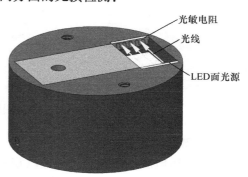

图 11.4　新型引信安全状态无损检测结构

始电压，则超声压电驱动器并没有处在初始位置，此时引信处于非安全状态。

2. 无损检测用 LED 面光源

所用 LED（Light Emitting Diode，发光二极管）面光源包括金属材质制成的框架和沿框架周边设置的四个 LED 灯条，每个 LED 灯条包括相应的 LED 电路板以及设置在电路板上的多个 LED 灯珠，在框架各边内侧分别开设有与各块电路板长度相应的长槽，四个 LED 灯条分别对应设置在长槽内，在长槽内位于 LED 灯条两侧位置还分别设置有用以反射 LED 灯珠所发出光线的反光片和用以改变传导 LED 灯珠所发出光线的导光板。

LED 面光源有以下优点：

1）高纯度，鲜艳丰富的色彩。目前 LED 产品几乎覆盖了整个可见光谱范围，且色彩纯度高；

2）超长寿命。LED 的实际寿命超过 5 万 h，为一般光源的几倍甚至几十倍；

3）光源中没有水银，光束中不含紫外线，LED 是固体发光光源，绿色环保；

4）固体发光，抗震性能好，牢固可靠；

5）节能，经济，免维护；

6）LED 有很强的发光方向性，光通量利用率高，体积小，易于 LED 的光强分布控制；

7）LED 可采用直流低压供电，安全可靠；

8）LED 不受启动温度的限制，可瞬时启动，一般为几毫秒，且能瞬时达到全光通量输出。

图 11.5 所示为常见长条状 LED 面光源外形图。

图 11.5　引信安全状态无损检测用 LED 面光源外形图

3. 光敏电阻作用机理

所用光敏电阻是在陶瓷基片上沉积一层光敏半导体，再接上两根引线做电极，封装在具有透光镜的密封壳体内制成的。通常采用涂敷、喷涂、烧结等方法在陶瓷基片上制作很薄的光敏半导体，为了增加灵敏度，两电极常做成梳状。受到一定波长的光线照射时，随着入射光的增强或减弱，光敏电阻的特征激发强度也不一样，使半导体内部的载流子数量发生变化，从而使光敏电阻的阻值跟着改变。在光敏电阻两端的金属电极加上电压，其中便有电流通过，光敏电阻的阻值随光强的增大而减小（光敏电阻的光照特性曲线如图 11.6 所示），因此电流就会随光强的增大而变大，反之则变小。入射光消失后，由光子激发产生的电子空

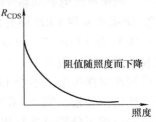

图 11.6　光敏电阻的光照特性曲线

穴对将复合，光敏电阻的阻值也就恢复原值。光敏电阻没有极性，纯粹是一个电阻器件，使用时既可加直流电压，也可加交流电压。光敏电阻的导电能力取决于半导体导带内载流子数目的多少。光敏电阻的结构与外形图如图 11.7 所示。

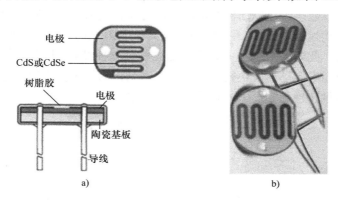

图 11.7　光敏电阻

a）结构示意图　b）外形图

光敏电阻的主要参数有：

1）暗电阻（R_D）：光敏电阻在无光照射时的电阻值称为暗电阻；

2）亮电阻（R_L）：光敏电阻在受到光照射时的电阻值称为亮电阻；

3）峰值波长：光敏特性响应最佳时所对应的波长[16]。

可用以下公式表达光敏电阻的伏安特性与入射光线强弱之间的关系：

$$I = KabUE \tag{11.1}$$

式中，I 为通过光敏电阻的电流；U 为外加的工作电压；E 为入射到光敏电阻上的光线照度；K 为材料决定的比例系数；a 为电压指数（接近 1）；b 为照度指数。

光敏电阻具有与电极无关、环氧树脂胶封装、可靠性好、体积小、灵敏度高、反应速度快、光谱特性好等优点，并且光敏电阻可根据需要制成不同形状和受光面积。根据电路的实际情况，一般选择暗电阻 R_D、亮电阻 R_L 合适的光敏电阻，原则上选择较大的暗电阻 R_D，并且 R_D 与 R_L 相差越大越好。

光敏电阻测量电路如图 11.8 所示，当光敏电阻接收到的光线增强，光敏电阻阻值减小，使得三极管基极电压减小，从而集电极电压升高即输出电压 U_0 增大，光线减弱时，输出电压减小。通

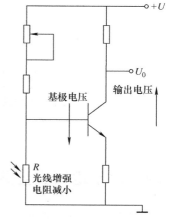

图 11.8　光敏电阻测量电路

过对输出电压大小的判断来确定引信是否处于安全状态。

4. 检测电压分析

（1）引信处于安全状态的检测电压

根据第4章超声压电驱动器的运动情况可知，当引信处于安全状态时，压电驱动器滑块运动过程中 LED 面光源照射在光敏电阻上的光通量逐渐减少，且初始值是预知的，此时检测过程中光通量随位移变化曲线如图 11.9 所示，图中位移原点为超声压电驱动器滑块初始位置，运动到位为最大位移处。通过光电转换电路可将光通量转换为如图 11.10 所示的输出电压。

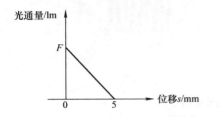

图 11.9　安全状态检测过程中
光通量随位移变化曲线

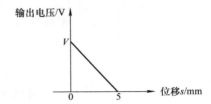

图 11.10　安全状态检测过程中
输出电压随位移变化曲线

（2）引信处于非安全状态的检测电压

当引信安全与解除保险装置不处于初始状态，即引信处于非安全状态，此种情况下驱动器滑块运行过程中，光通量随位移变化曲线如图 11.11 所示，检测输出电压随位移变化曲线如图 11.12 所示，图 11.11 和 11.12 中的位移原点为实际检测到的压电驱动器滑块初始位置。

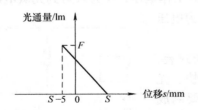

图 11.11　非安全状态检测过程中
光通量随位移变化曲线

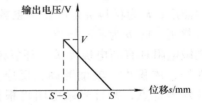

图 11.12　非安全状态测过程中
输出电压随位移变化曲线

11.4　用于逻辑安全分析的迫弹环境信息

引信的环境信息是指引信从设计、生产、出厂到碰击或接近目标起爆这个全寿命周期之内可能承受的特定的物理条件环境的总和[17]。引信安全及待发状态的转变是依靠其安全系统对作战环境的敏感与识别，并执行相应的控制动作完成实现的。对引信安全系统环境的选择与利用是引信安全系统设计的重要环节。环境信息选取的好坏直接影响安全系统对发射环境识别及状态控制的有效性。

环境信息中的环境力因素对引信机构的影响最大，勤务处理时引信所承受的环境力，包括振动、撞击以及搬运时偶然跌落受到的冲击等，绝大多数属于干扰力，它们可能导致引信工作出现问题，造成瞎火或早炸。发射过程中所产生的环境力，多数可以作为引信工作的能源[18]，合理利用可以作为引信安全系统解除保险的环境激励。不同的环境信息具有不同的特征含量，选择特征信息含量高的环境信息有利于对环境的充分识别。引信环境选取中主要考虑的原则包括：能量强度与信息的独特性原则、时间序列性原则、冗余保险双环境的互质性原则、窗口（短暂性）原则、状态反馈利用原则等[4]。

11.4.1　迫弹环境信号及其探测

GJB 373A—1997《引信安全性设计准则》规定：引信必须具有冗余保险功能，即发射过程中要依靠至少两种不同的环境激励才能解除引信的保险。文中设计的超声压电驱动装置主要应用背景为非旋或微旋弹，例如迫弹。迫弹的发射过程中受到了多种冲击、振动以及其他环境力。由于这些力在其幅值与持续时间上的差异，所选择的力必须确保引信能适时地感受并响应，而在其他环境过程中引信不响应以保持安全。考虑到引信对环境力的以上要求，一般认为有以下几种可用来实现解除保险的典型环境力：①后坐力；②爬行力；③迎面空气阻力；④气动加热；⑤发射药压力；⑥弹炮分离信息[19]。迫弹的后坐力（如图 11.13 所示）虽然要比火炮炮弹的小许多，但就其数量级和作用时间宽度来说已足够满足保险要求，可以选做第一保险环境力。

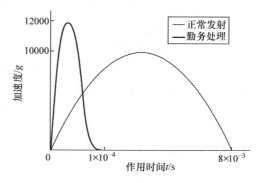

图 11.13　迫弹后坐加速度信号

迫击炮是滑膛炮，除了后坐力外，无离心力可用。由于铁磁性物质的存在会影响到磁场的分布，因此在迫击炮炮管内外的磁场是不同的，在其内部，由于炮管的磁屏蔽作用磁场强度较小，炮口外附近磁场强度会突然增大，离开炮口一段距离后则逐渐不受其影响，视为地磁场强度。实际测量的炮口磁场强度如图 11.14所示。迫击炮发射过程中，弹丸高速出炮口信息是弹药正常使用的发射周期开始信号，并且是不可逆的，因此可采用弹炮分离时炮口磁场强度跳变信息作为解除保险的第二道环境信息，这种利用弹炮分离信息解决第二环境信息的手段方便可靠，能够保证引信本身的密封性，引信外形上也无需重新设计，利于模块化和通用化。采用弹炮分离时炮口磁场强度跳变信息作为第二道环境信息，其可行性已得到大量论证。

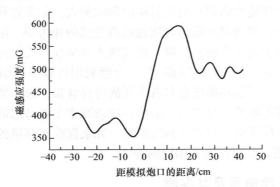

图 11.14　迫弹炮口磁场分布测试曲线

11.4.2　迫弹环境信号传感器的选用

环境传感器探测到相应的环境信息，然后转变为模拟电信号，再经过信号处理电路的处理得到二进制数字信号变量，迫弹环境信号的探测过程如图 11.15 所示。传感器作为系统的第一输入环节，其性能的好坏直接影响到后续的信号处理和分析部分。在引信上，机电安全系统和电子安全系统不再直接利用环境力解保，而是采用传感器做信息采集，从而具有更高的灵敏度和可靠性，因此引信环境传感器是两者区别于机械安全系统的主要标志之一，它可向安全系统提供更多的发射、飞行及目标等环境信息。

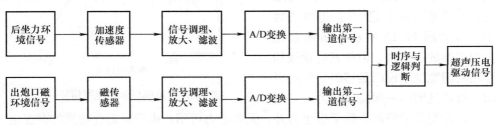

图 11.15　环境信息的探测过程

1. 高冲击加速度传感器

加速度传感器是一种产生与加速度、振动和冲击成正比的输出的传感器，常用的加速度传感器有压电式、压阻式和电容式等类型。

压阻式高冲击加速度传感器是基于半导体材料的压阻效应而制成的传感器。

主要是以硅压阻效应为理论基础，采用体硅加工工艺和集成电路平面工艺制成，通过力敏电阻构成的惠斯通电桥感测加速度变化[20]。加拿大 Alberta 微电子中心研制成功一种硅压阻式加速度传感器，采用悬臂梁式结构，量程达到 10 万 g，固有频率高于 100kHz，灵敏度为 0.702μV/g[21]；美国 ENDEVCO 公司生产的 7270A 系列压阻式加速度传感器[22]，其中 7270A-200K 量程达到 20 万 g，谐振频率 1.2 MHz；美国 NASA 研制了单晶 6H-SiC 材料的压阻式加速度传感器，量程可达到 10 万 g[23]，并具有较高的固有频率，灵敏度为 343nV/g；上海微系统所研制的三梁双岛压阻式高冲击加速度传感器，量程达到 10 万 g[24]；中北大学研制了一种高量程压阻式加速度传感器，设计量程达到 150000g[25]；北京理工大学研制成功压阻式高冲击加速度传感器，达到国内最高量程，固有频率可以达到 400kHz 以上，性能稳定；上海微系统所等单位共同设计的单芯片集成压阻式三轴高冲击加速度传感器，具有较高灵敏度和较高谐振频率，且量程可达到 10 万 g[26]。压阻式高冲击加速度传感器结构和信号处理电路简单，线性度好，量程大、制作工艺简单，抗冲击能力强，但压阻式传感器也有一些不足之处，如受温度影响较大。

压电式高冲击加速度传感器是以压电效应为理论基础，采用压电材料制成，用来测量加速度的传感器。压电效应是指当某种电介质受拉伸或压缩形式的力后发生形变，由于内部电荷的极化，会在其表面产生电荷；压电材料分为压电单晶、压电多晶和有机压电材料等。常用的材料是属于压电多晶的各类压电陶瓷和属于压电单晶的石英晶体。国内兵器 204 所研制的 988 压电式加速度传感器，量程达到了 10 万 g，电荷灵敏度：0.7 pc/g，幅值线性小于 10%，最大横向灵敏度小于 10%，频率响应达到 25kHz；北京理工大学研制了压电薄膜压缩型高冲击加速度传感器，量程 20 万 g[27]。压电式传感器的特点在于输出为电荷，需将其转换成相应的电压值，信号处理电路采用电荷放大器，电路输入阻抗高，且零漂严重。压电式传感器的优点在于线性度好，频率范围较宽，结构简单。

电容式高冲击加速度传感器原理是：加速度作用引起惯性质量块与固定电极间相对位移发生变化，导致电容值的变化，通过测量电容的变化量测得被测加速度值。美国 Sandia 国家实验室利用表面微机械加工技术制作了一种硅微机械电容式加速度传感器，该传感器量程达到 5 万 g[28]，频率响应达到 127kHz，阻尼系数为 0.4。美国 Draper 实验室研制了"跷跷板"电容扭摆式系列微硅加速度计[29]，该系列传感器的最大量程为 10 万 g。国内外电容式加速度传感器微量程的产品很多，但在高冲击环境下，此类传感器线性度较差，这一参数是传感器非常重要的指标，直接影响测量数据的准确性，并且信号处理电路比较复杂。

以上三种类型加速度传感器的典型特征参数见表 11.1。

表 11.1   三种类型加速度传感器的典型特征表

传感器类型	频率范围/Hz	灵敏度	测量范围	动态范围/dB	重量/g
压电式	$0.5 \sim 50000$	$0.01 \sim 100 pC/g$	$0.00001g \sim 100000g$	110	$0.2 \sim 200$
压阻式	$0 \sim 10000$	$0.0001 \sim 10 mV/g$	$0.001g \sim 100000g$	80	$1 \sim 100$
电容式	$0 \sim 1000$	$10 mV/g \sim 1 V/g$	$0.00005g \sim 1000g$	90	$10 \sim 100$

根据以上特征，考虑到迫击炮弹丸的后坐冲击加速度在几百至几千个 *g* 左右，勤务处理跌落时能达到上万 *g*，频率范围最高在几千赫兹，发射时膛内温度较高，所以选用压电式加速度传感器，型号为 A – YD –06A，具体参数见表 11.2。

表 11.2   A – YD – 06A 传感器参数表

量程范围	过载能力	灵敏度	非线性	固有频率	横向灵敏度比	信号输出	安装方式
20000g	150% F. S	$0.071 pC/g$	5%	20kHz	≤5%	L5	M5

2. 磁传感器

磁传感器主要指利用固体元件感知与磁现象有关的物理量的变化，将其转换成电信号进行检测的器件，实践中常用的磁传感器主要包括 SQUID 传感器、霍尔传感器、磁通门传感器、磁阻传感器和巨磁阻传感器等。根据磁场的强弱可将被测磁场分为微弱磁场、弱磁场、强磁场三大类，通常对应的量程分别为 $10 \mu Oe$ 以下，$10 \mu Oe - 10 Oe$ 和 $10 Oe$ 以上（$1 Oe = 1 Gs = 10^{-4} T = 10^5 nT$）[30]。由图 11.14 知地磁场为弱磁场，且考虑到弹丸出炮口速度快，磁跳变时间极短，因此需要选用响应速度快灵敏度高的磁传感器。巨磁阻抗（Giant Magneto Impedance，GMI）磁传感器是利用磁性材料的巨磁阻抗效应而制成的传感器，巨磁阻抗磁传感器具有稳定性高、灵敏度高、分辨率高、响应速度快、低功耗等特点，可探测到微弱磁场。

弹丸出炮口时磁场强度会发生一个 300mGs 左右的跳变，这一变化信息可以用磁传感器采集探测。根据要测量的炮口磁场特点和电路制作的方便可靠，选用 Honeywell 的单轴磁阻传感器 HMC1021，其测量范围是 ±6Gs，灵敏度 1.0Mv/V/*g*，分辨率可达到 $85 \mu Gs$，有 8 针 SIP 或 8 针 SOIC 封装，可满足使用要求。

磁阻传感器 HMC1021 是基于磁阻效应原理而工作的，在磁阻效应的影响下，外加磁场会使磁敏感原件的电阻值发生变化。HMC1021 的磁阻敏感元件是由长而薄的坡莫合金（一种铁镍合金）制成，利用半导体工艺，将薄膜电积在硅圆片上，四个磁阻组成了惠斯顿电桥，如图 11.16 所示。

当 0 ~ 10V 的电压加到桥路上时，传感器开始测量轴线内的环境磁场或施加磁场，存在磁场时，电桥电阻的变化使电压输出也产生相应的变化。

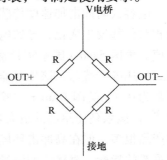

图 11.16   惠斯顿电桥

电桥电路如上图所示。其四个电阻阻值是相同的，外加磁场时，两个位置相对的电阻产生阻值增量 ΔR，另外两个电阻产生阻值减量 ΔR。整个电桥的电压输出为

$$\Delta V_{\text{out}} = V_{\text{out}+} - V_{\text{out}-} = \left(\frac{\Delta R}{R}\right)V_{\text{电桥}} \tag{11.2}$$

11.5　引信安全与解除保险装置逻辑安全性分析

根据 GJB 373A—1997 的规定，引信安全系统在发射周期开始前失效率应小于 1×10^{-6}，一般采用两个独立的保险件[31]。增加独立保险件的个数和巧妙地设计安全系统解除保险逻辑可以提高引信的安全性，安全性可理解为安全系统在勤务处理环境激励作用下提前解除保险的概率。由于在勤务处理中存在着各种各样的激励，包括力冲击、热冲击、电磁干扰等。安全系统赖以解除保险的发射周期中的环境激励在勤务处理中也可能出现。当这些环境激励出现时，引信安全系统就要进行响应，当满足一定条件时，就会部分或全部解除保险。显然，这种解除保险概率越小，安全性越好；解除保险概率越大，安全性越差[32]。

文中选用后坐力和出炮口磁环境这两道独立的环境信息，满足引信安全性设计准则，解除保险决策的选取是安全系统研究的关键，本节主要针对安全系统解除保险逻辑的设计进行研究。文中的安全系统采用两个环境激励控制两个保险开关，组合得到的解除保险逻辑方式有以下几种，对其安全性逐一进行分析。

泊松分布适合于描述单位时间（或空间）内随机事件发生的次数，例如机器出现的故障数，自然灾害发生的次数等等。因此可假设某一勤务处理过程中，环境激励出现的次数服从泊松分布，文中两个保险开关动作的环境激励分布可设定为

$$P(X_1(t) = k) = \frac{(\lambda_1 t)^k}{k!} e^{-\lambda_1 t} \tag{11.3}$$

$$P(X_2(t) = k) = \frac{(\lambda_2 t)^k}{k!} e^{-\lambda_2 t} \tag{11.4}$$

式中，$k = 0, 1, 2\cdots$。

设某一勤务处理过程为 T，将其等分成 N 个 Δt 区间，即 $\Delta t = T/N$，以 n 表示各区间的序号，$n = 0, 1, 2, \cdots, N$。假设在每个区间内使开关 1 动作的环境激励出现的概率为 p_1，使开关 2 动作的环境激励出现的概率为 p_2，针对选定的某种勤务处理过程，p_1 和 p_2 可视为常数。

用 I 表示引信安全系统的状态空间，I 为有限集，i 为 I 的集合元素，$X_n = i$ 表示在第 n 个区间时，系统处于状态 i。

采用文献［32］中对引信安全系统的简化方法，对双环境独立不可恢复结

构、双环境顺序控制结构、双环境顺序加时间窗结构和双环境非顺序则瞎火结构进行描述。描述过程中所用到一系列开关和带箭头的线段符号,其含义如下:

带空心箭头的粗实线—表示爆轰输出通道。其上的开关表示保险装置。当开关都闭合时,表示系统已解除保险。只要有一个开关没有闭合,就认为系统还没有解除保险。

带实心箭头的细实线—表示环境激励的输入通道。其上的开关闭合时表示保险装置或环境传感器能够响应环境激励;开关打开时表示不响应环境激励。

带空心箭头的细实线—表示控制信号通道。

对应着细实线实心箭头的开关,其动作受环境激励控制;对应着细实线空心箭头的开关,其动作受控制信号控制。

11.5.1 双环境独立不可恢复结构

图 11.17 所示为双环境独立不可恢复结构,该结构中,两个开关相互独立,分别受各自对应的环境信息控制。显然这种结构简陋,没有将两道环境信息的时序关系体现出来,不能满足实际引信的使用要求,故不考虑该种结构,其安全性不作分析。

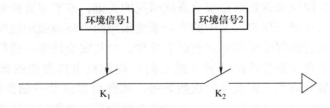

图 11.17 双环境独立不可恢复结构

11.5.2 双环境顺序控制结构

图 11.18 所示为双环境顺序控制结构,这种逻辑结构中,两道环境信息必须按照预定的顺序出现,否则安全系统不会解除保险。本书中的后坐力环境信息要先于出炮口磁环境出现,两道开关依次闭合,此时控制电路才会发出解保信号。

采用双环境顺序控制结构的引信安全系统状态空间为 $I = (i_1, i_2, i_3)$,i_1 表示系统处于安全状态,K_1、K_2、K_3 均打开;i_2 表示系统处于半解除保险状态,K_1、K_3 闭合,K_2 打开;i_3 表示系统处于解除保险状态,K_1、K_2、K_3 均闭合。该逻辑结构由安全状态 i_1 转移到解除保险状态 i_3 的状态转移链,如图 11.19 所示。

由状态转移链可以得到,只有当状态为 i_3 时才会保持当前状态,处于 i_1、i_2

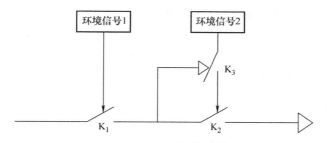

图 11.18　双环境顺序控制结构

状态时会继续发生状态转移，直至解除保险状态 i_3。

某一区间内状态 i_1 到 i_1 的概率 $p_{11} = 1 - p_1$；

某一区间内状态 i_1 到 i_2 的概率 $p_{12} = p_1(1 - p_2) + p_1 p_2/2$；

某一区间内状态 i_1 到 i_3 的概率 $p_{13} = p_1 p_2/2$；

某一区间内状态 i_2 到 i_2 的概率 $p_{22} = 1 - p_2$；

某一区间内状态 i_2 到 i_3 的概率 $p_{23} = p_2$；

某一区间内状态 i_3 到 i_3 的概率 $p_{33} = 1$；

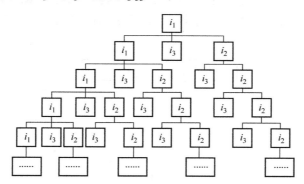

图 11.19　双环境顺序控制结构状态转移链

则第 1 个区间系统解除保险的概率 $P_1 = p_{13}$；

则第 2 个区间系统解除保险的概率 $P_2 = p_{11}p_{13} + p_{12}p_{23}$；

则第 3 个区间系统解除保险的概率 $P_3 = p_{11}p_{11}p_{13} + p_{11}p_{12}p_{23} + p_{12} p_{22}p_{23}$；

则第 4 个区间系统解除保险的概率 $P_4 = p_{11} p_{11}p_{11}p_{13} + p_{11}p_{11}p_{12}p_{23} + p_{11}p_{12} p_{22}p_{23} + p_{12} p_{22} p_{22}p_{23}$；

则第 5 个区间系统解除保险的概率 $P_5 = p_{11} p_{11} p_{11}p_{11}p_{13} + p_{11}p_{11}p_{11}p_{12}p_{23} + p_{11}p_{11}p_{12} p_{22}p_{23} + p_{11}p_{12} p_{22} p_{22}p_{23} + p_{12} p_{22} p_{22} p_{22}p_{23}$；

……

推导得到第 n 个区间系统解除保险的概率：

$$P_{n1} = p_{11}{}^{n-1}p_{13} + \sum_{i=2}^{n} p_{11}{}^{n-i}p_{22}{}^{i-2}p_{12}p_{23} \tag{11.5}$$

将 p_{11}、p_{12}、p_{13}、p_{22}、p_{23} 表达式分别代入上式得到

$$P_{n1} = \frac{p_1 p_2 (1-p_1)^{n-1}}{2} + \left(1 - \frac{p_2}{2}\right)p_1 p_2 \sum_{i=2}^{n}(1-p_1)^{n-i}(1-p_2)^{i-2} \tag{11.6}$$

11.5.3 双环境顺序加时间窗结构

双环境顺序加时间窗结构在双环境顺序控制结构上改进添加了时间窗，除了要求两道环境信号要按顺序依次出现，还要求环境信号 2 在 δ 时间窗内出现才能使 K_2 闭合，令 $r = \delta / \Delta t$，一般取 $\delta / \Delta t \leqslant 0.01$，如图 11.20 所示。

采用双环境顺序加时间窗逻辑结构的引信安全系统状态空间为 $I = (i_1, i_2, i_3)$，i_1 表示系统处于安全状态，K_1、K_2、K_3 均打开，K_4 闭合；i_2 表示系统处于瞎火状态，K_1 闭合，K_2 打开，包括三种情况：①环境信号 2 先于环境信号 1 出现；②环境信号 1 先于环境信号 2 出现，但是环境信号 1 不在 δ 时间窗内出现；③环境信号 2 不出现；i_3 表示系统处于解除保险状态，K_1、K_2、K_3、K_4 均闭合。该逻辑结构由安全状态 i_1 转移到解除保险状态 i_3 的状态转移链，如图 11.21 所示。

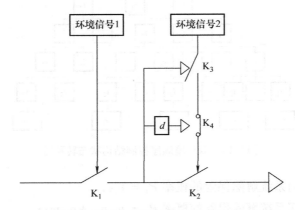

图 11.20 双环境顺序加时间窗结构

某一区间内状态 i_1 到 i_1 的概率 $p_{11} = 1 - p_1$；

某一区间内状态 i_1 到 i_2 的概率 $p_{12} = p_1 p_2 (1-r)/2 + p_1 p_2/2 + p_1(1-p_2)$；

某一区间内状态 i_1 到 i_3 的概率 $p_{13} = rp_1 p_2/2$；

某一区间内状态 i_2 到 i_2 的概率 $p_{22} = 1$；

某一区间内状态 i_3 到 i_3 的概率 $p_{33} = 1$；

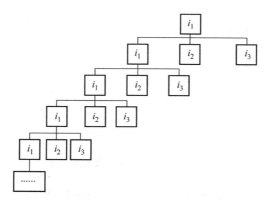

图 11.21　双环境顺序加时间窗结构状态转移链

则第 1 个区间系统解除保险的概率 $P_1 = p_{13}$；

则第 2 个区间系统解除保险的概率 $P_2 = p_{11}p_{13}$；

则第 3 个区间系统解除保险的概率 $P_3 = p_{11}p_{11}p_{13}$；

则第 4 个区间系统解除保险的概率 $P_4 = p_{11}\,p_{11}p_{11}p_{13}$；

则第 5 个区间系统解除保险的概率 $P_5 = p_{11}\,p_{11}\,p_{11}p_{11}p_{13}$；

……

推导得到第 n 个区间系统解除保险的概率：

$$P_{n2} = p_{11}{}^{n-1}p_{13} \tag{11.7}$$

将 p_{11}、p_{13} 表达式分别代入上式得到

$$P_{n2} = rp_1p_2\,(1-p_1)^{n-1}/2 \tag{11.8}$$

11.5.4　双环境非顺序则瞎火结构

图 11.22 所示为双环境非顺序则瞎火结构，此种结构要求环境信号 1 先于环境信号 2 出现，否则电路出现瞎火。逻辑过程为：当环境信号 1 先出现时，K_1 闭合，K_3 断开，随后环境信号 2 出现，K_2 闭合，则安全系统发出解除保险信号；当环境信号 2 先出现时，K_2 闭合，控制信号通过闭合的 K_3 通路使开关 K_4 断开，此时整个信号输出通道断开，因此安全系统处于瞎火状态。

采用双环境非顺序则瞎火结构的引信安全系统状态空间为 $I = (i_1, i_2, i_3, i_4)$，i_1 表示系统处于安全状态，K_1、K_2、K_4 均打开，K_3 闭合；i_2 表示系统处于半解除保险状态，K_1、K_4 闭合，K_2、K_3 打开，对应着环境信号 1 出现，环境信号 2 不出现；i_3 表示系统处于解除保险状态，K_1、K_2、K_4 均闭合，K_3 打开；i_4 表示系统处于瞎火状态，K_4 打开，对应着情况①环境信号 2 先出现，环境信号 1 后

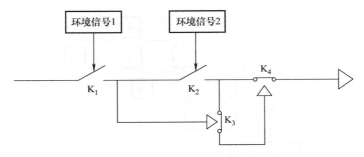

图 11.22　双环境非顺序则瞎火结构

出现；情况②环境信号 1 不出现，环境信号 2 出现。该逻辑结构由安全状态 i_1 转移到解除保险状态 i_3 的状态转移链，如图 11.23 所示。

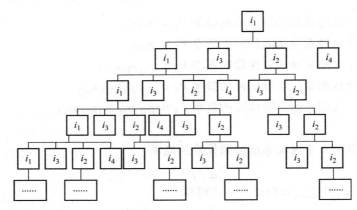

图 11.23　双环境非顺序则瞎火结构状态转移链

某一区间内状态 i_1 到 i_1 的概率 $p_{11} = (1 - p_1)(1 - p_2)$；

某一区间内状态 i_1 到 i_2 的概率 $p_{12} = p_1(1 - p_2)$；

某一区间内状态 i_1 到 i_3 的概率 $p_{13} = p_1 p_2/2$；

某一区间内状态 i_1 到 i_4 的概率 $p_{14} = p_1 p_2/2 + p_2(1 - p_1)$；

某一区间内状态 i_2 到 i_2 的概率 $p_{22} = 1 - p_2$；

某一区间内状态 i_2 到 i_3 的概率 $p_{23} = p_2$；

则第 1 个区间系统解除保险的概率 $P_1 = p_{13}$；

则第 2 个区间系统解除保险的概率 $P_2 = p_{11}p_{13} + p_{12}p_{23}$；

则第 3 个区间系统解除保险的概率 $P_3 = p_{11}p_{11}p_{13} + p_{11}p_{12}p_{23} + p_{12}p_{22}p_{23}$；

则第 4 个区间系统解除保险的概率 $P_4 = p_{11} \, p_{11}p_{11}p_{13} + p_{11}p_{11}p_{12}p_{23} + p_{11}p_{12}$

$p_{22}p_{23} + p_{12}\,p_{22}\,p_{22}p_{23}$；

……

推导得到第 n 个区间系统解除保险的概率：

$$P_{n3} = p_{11}{}^{n-1}p_{13} + \sum_{i=2}^{n} p_{11}{}^{n-i}p_{22}{}^{i-2}p_{12}p_{23} \tag{11.9}$$

将 p_{11}、p_{12}、p_{13}、p_{22}、p_{23} 表达式分别代入上式得到

$$P_{n3} = \frac{p_1 p_2}{2}\left[(1-p_1)(1-p_2)\right]^{n-1} + p_1 p_2 (1-p_2)\sum_{i=2}^{n}\left[(1-p_1)(1-p_2)\right]^{n-i}(1-p_2)^{i-2} \tag{11.10}$$

11.6　压电驱动式迫弹引信安全与解除保险装置的逻辑结构

根据 11.5 节中的公式，假设计算条件为 $p_1 = p_2 = 10^{-3}$，$r = 10^{-2}$，$n = 100$，根据分析结果计算得到以上三种逻辑结构解除保险概率曲线图。由图 11.24 可见逻辑结构 1、3 的解除保险概率十分接近，两种结构的安全性差不多；结构 2 的解除保险概率远低于结构 1、3，为 10^{-9} 数量级。因此选用双环境顺序加时间窗结构作为安全系统解除保险逻辑结构。

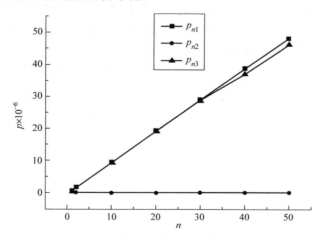

图 11.24　三种逻辑结构解除保险概率曲线图

对于后坐加速度信号和出炮口磁环境信号采用顺序识别和阈值加时间窗的识别方法。顺序识别法即利用 N 个相互独立的采样值作为环境信息，只有在采样值按照特定的顺序时才判断为解除保险预定条件。阈值加时间窗的识别方法即利用 N 个采样值所反映的环境信息源的信息，只有在 N 个采样值按照特定顺序并在一定时间内满足预定条件时才判断为解除保险预定条件。

同其他火炮相比，迫弹发射时的膛压低，初速度小，正常发射时的后坐冲击

加速度在 $4000 \sim 9000g$ 左右，这与勤务处理跌落过载在同一数量级上，甚至还可能低一个数量级，但是两者对作用时间的积分是不同的，正常发射后坐加速度在十几个毫秒，勤务处理跌落时持续几十到一百多个微秒。针对后坐加速度信号的特征，采用阈值 + 时间窗的判断方法识别后坐加速度，可正确区分正常发射、勤务处理等不同的环境，保证安全性。图 11.25 所示为 "阈值 + 时间窗" 的识别示意图，图中曲线所示为迫弹引

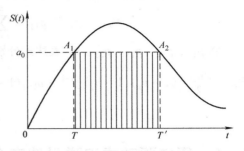

图 11.25　单阈值 + 时间窗示意图

信后坐冲击加速度的变化，设加速度阈值为 a_0，那么腔内曲线在上升和下落过程中有两点达到值 a_0：A_1 和 A_2，它们对应的时间分别为 T 和 T'，时间窗 $\Delta T = T' - T$，只需判断 ΔT 是否在预定要求的范围内，就可以得到是否解除保险的信号。

两道环境信息经过处理变为两路数字信号之后，实现了对环境信息的识别与提取，还需要对两路数字信号进行决策判断，即对这两路数字信号进行逻辑控制。因为实际物理环境具有不确定性，会出现不同的事件组合。本书中两道环境必须满足一定的时序性，经过顺序识别判断为解除保险条件，只有当后坐加速度信号出现之后再出现弹丸出炮口信号才可以有效解除保险，否则保险故障。迫弹的实际逻辑制结构具体框图如图 11.26 所示。

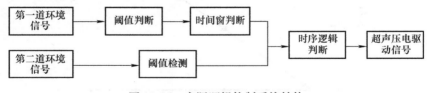

图 11.26　实际逻辑控制系统结构

11.7　本章小结

本章对超声压电驱动式安全与解除保险装置功能及逻辑安全的实现进行了分析与研究。通过调节驱动信号电压、频率来改变解除保险的动作过程速度，控制解除保险时间，从而实现炮口保险距离的可控，能满足不同的炮口保险性能指标。通过改变压电陶瓷片上两相驱动信号相位差，即可实现超声压电驱动器滑块的反向运动，实现引信安全状态的可逆转换。设计了引信安全状态无损检测结构，检测引信安全状态过程中利用光敏电阻接收到的光照强度变化判断隔爆滑块

的位置，从而检测出引信是否处于安全状态。

分析了引信用环境信息的分类与识别，文中选用后坐加速度信号与出炮口磁环境信息作为解除保险环境信息，分析了环境信号识别机理，并阐述了相应环境传感器的选择。分析了该引信安全与解除保险装置的逻辑安全性，列出了采用两个独立保险件的四种保险逻辑结构，并分析了每种逻辑结构的安全性，得到顺序加时间窗结构的安全性最高；给出了迫弹引信安全与解除保险装置的实际逻辑制结构。

参 考 文 献

[1] 王雨时. 炮弹引信炮口保险性能指标分析 [J]. 探测与控制学报，2000，22（3）：11 - 18.

[2] 中国人民解放军总装备部. 引信工程设计手册：GJB/Z 135—2002 [S]. 北京：中国人民解放军总装备部军标出版发行部，2002.

[3] 石庚辰，李华. 引信 MEMS 远距离解除保险机构 [J]. 探测与控制学报，2008，30（3）：1 - 4.

[4] 李豪杰. 引信环境分析、测试与迫弹引信安全系统设计研究 [D]. 南京：南京理工大学，2006.

[5] 李道清. 引信延期时间智能测试系统 [J]. 火工品，2000，2：20 - 23.

[6] 李豪杰，张河. 引信安全系统及其功能范畴探讨 [J]. 探测与控制学报，2006，28（5）：4 - 7.

[7] 马宝华. 现代引信的控制功能及特征 [J]. 探测与控制学报，2008，30（1）：1 - 5.

[8] 路荣先. 引信系统安全性设计中的"三防"原理 [J]. 探测与控制学报，2003，24（1）：1 - 3.

[9] 涂诗美，商顺昌. 新型鱼雷灵巧引信设计方案 [J]. 探测与控制学报，2004，26（3）：1 - 4.

[10] 朱珊，李豪杰. 基于滑块继续运动的安全状态可恢复隔爆机构 [J]. 探测与控制学报，2010，32（3）：39 - 42.

[11] 牟洪刚，黄惠东，刘青冬，等. 应用步进电机实现机构可逆检测 [J]. 探测与控制学报，2010，32（3）：35 - 38.

[12] 尚雅玲，张贤彪，倪保航. 运动可逆式引信安全系统逻辑控制分析 [J]. 舰船电子工程，2009，29（12）：176 - 178，191.

[13] 齐杏林，李宏建，高敏等. 高功率微波引信辐照效应的研究 [J]. 探测与控制学报，2000，22（1）：40 - 43.

[14] 齐杏林，高敏，刘秋生，等. 机动式引信安全性 X 射线检测系统研究 [J]. 探测与控制学报，2002，24（4）：10 - 13.

[15] 陈玲，徐建国，金昌根，等. 惯性引信安全状态数字化识别方法研究 [J]. 中北大学学报（自然科学版），2010，31（6）：568 - 572.

[16] 李方圆，等．图解传感器与仪表应用［M］．北京：机械工业出版社，2013：144．

[17] 王雨时．引信系统分析与工程设计问题与解答［M］．南京：南京理工大学出版社，2005．

[18] 张合，李豪杰．引信机构学［M］．北京：北京理工大学出版社，2014．

[19] 于新峰，高敏，代平．迫弹电子时间引信双环境保险的新方法研究［J］．军械工程学院学报，2003，15（2）：50－53．

[20] 余尚江，李科杰．微机械三轴加速度传感器结构及原理分析［J］．测试技术学报，2004，18：5－11．

[21] 李世雄，王群书，古仁红．高 g 值微机械加速度传感器的现状与发展［J］．仪器仪表学报，2008（4）：892－896．

[22] V. I. Bateman, F. A. Brown, M. A. Nusser. High Shock, High Frequency Characteristics of a Mechanical Isolator for a Piezoresistive Accelerometer, the ENDEVCO 7270AM6［R］. Albuquerque: Sandia National Labs. 2000.

[23] 祁晓瑾．MEMS 高 g 值加速度传感器研究［D］．太原：中北大学，2007．

[24] 李晓红．三轴高 g 值加速度传感器灵敏度校准及横向效应研究［D］．太原：中北大学，2011．

[25] 石云波，祁晓瑾，刘俊，等．MEMS 高 g 值加速度传感器设计［J］．系统仿真学报，2008，20（16）：4306－4309．

[26] 董培涛，李昕欣．单片集成的高性能压阻式三轴高 g 加速度计的设计制造和测试［J］．半导体学报，2007，28（9）：1483－1487．

[27] 张亚，李科杰，马宝华．高 g 值加速度传感器研究［J］．测试技术学报，1996，10（2）：278－283．

[28] B. R. Davies, S. Montague. High－g Accelerometer for Earth－penetrator Weapons Application［R］. Sandia Report, Sand 98－0510 · UC－810.

[29] 董景新．微惯性仪表—微机械加速度计［M］．北京：清华大学出版社，2003．

[30] 蒋颜玮，房建成．盛蔚，等．仪表技术与传感器［J］．2008（5）：1－6．

[31] 章洪深，滕洁，郭占海．引信安全性设计准则：GJB 373A—1997［S］．北京：中国兵器工业标准化研究所，1997．

[32] 施坤林，谭惠民．马尔可夫理论在引信安全系统分析中的应用［J］．现代引信，1991，4（4）：9－20．

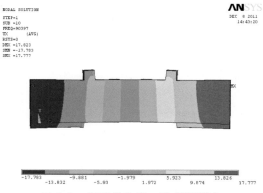

图 3.9　振子优化前一阶纵振模态

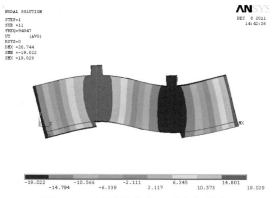

图 3.10　振子优化前二阶弯振模态

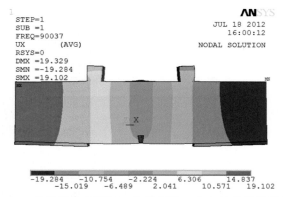

图 3.14　参数优化后振子一阶纵振沿 x 方向的位移等值线图

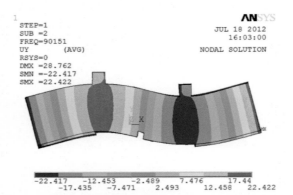

图 3.15　参数优化后振子二阶弯振沿 y 方向的位移等值线图

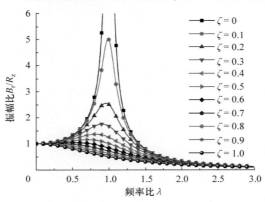

图 4.7　振幅比 B_r/R_z、频率比 λ 与阻尼比 ζ 的关系图

图 4.10　振子二阶弯振振型

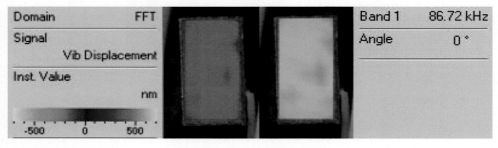

图 4.11　振子一阶纵振振型

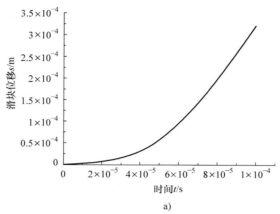

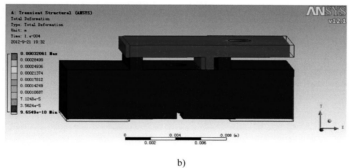

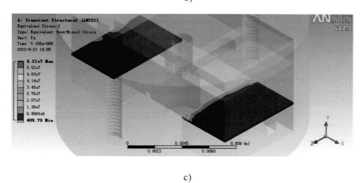

图 5.3 惯性加速度作用结果

a）滑块位移随时间变化的曲线　b）惯性加速度消失后滑块所处位置　c）惯性加速度对压电陶瓷片的影响

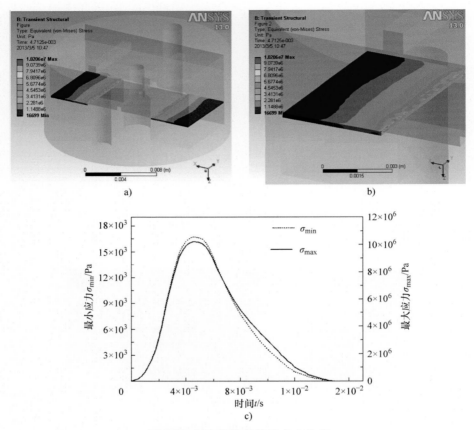

图 5.8　压电陶瓷整体的应力分布

a）压电片整体应力云图　b）压电片整体应力云图局部放大　c）压电片整体应力随时间变化曲线

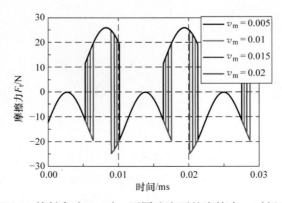

图 6.14　接触角为 2π 时，不同速度下的摩擦力－时间曲线

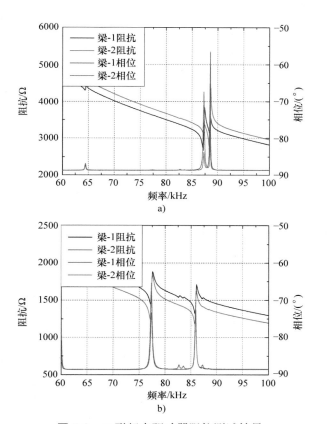

图 7.2   H 形超声驱动器阻抗测试结果

a）两个梁纵振的频率 - 阻抗特性   b）两个梁弯振的频率 - 阻抗特性

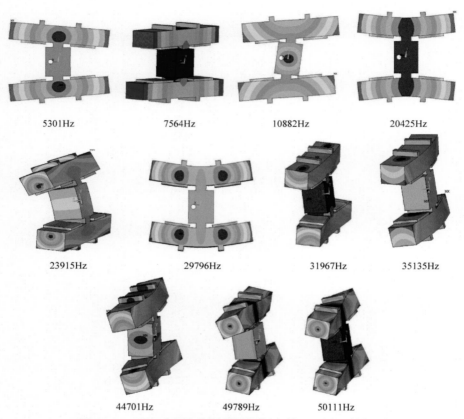

5301Hz　　　　7564Hz　　　　10882Hz　　　　20425Hz

23915Hz　　　　29796Hz　　　　31967Hz　　　　35135Hz

44701Hz　　　　49789Hz　　　　50111Hz

图 8.1　H 形超声压电驱动器谐振频率低于 50kHz 的振型

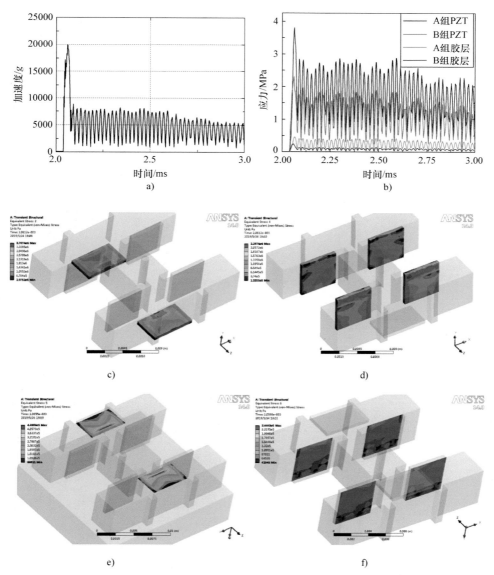

图 8.3　H 形超声驱动器的冲击仿真结果

a）冲击载荷曲线　b）应力变化曲线　c）A 组压电陶瓷应力分布
d）B 组压电陶瓷应力分布　e）A 组胶层应力分布　f）B 组胶层应力分布

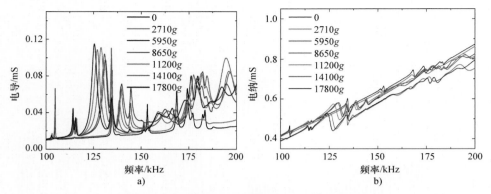

图 8.13　二号压电片在冲击载荷下的导纳变化

a）导纳实部　b）导纳虚部

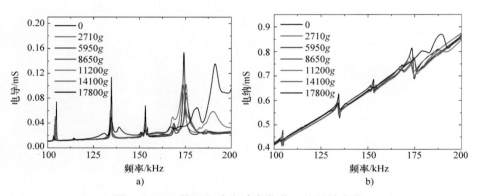

图 8.14　三号压电片在冲击载荷下的导纳变化

a）导纳实部　b）导纳虚部

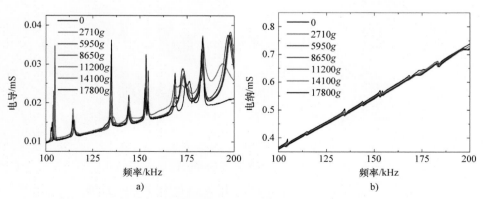

图 8.15　四号压电片在冲击载荷下的导纳变化

a）导纳实部　b）导纳虚部

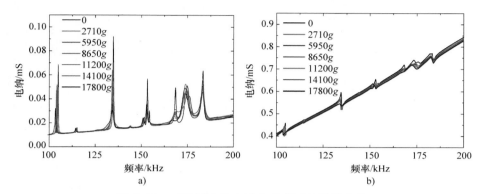

图 8.16　五号压电片在冲击载荷下的导纳变化

a）导纳实部　b）导纳虚部

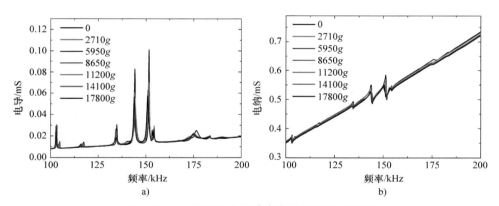

图 8.17　六号压电片在冲击载荷下的导纳变化

a）导纳实部　b）导纳虚部

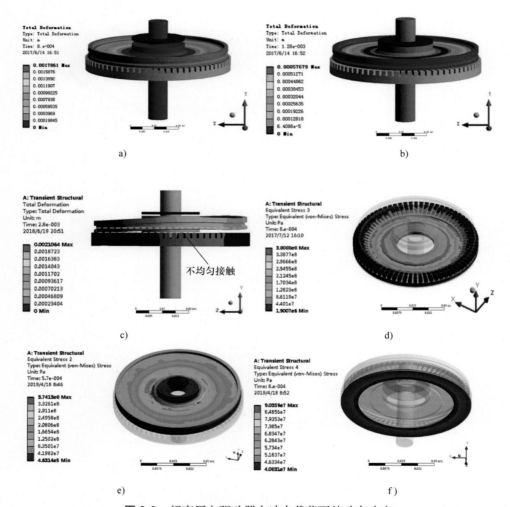

不均匀接触

图 9.9　超声压电驱动器在冲击载荷下的动态响应

a）$t = 0.8$ms，转子向下运动　b）$t = 1.28$ms，转子回弹并与限位片碰撞

c）$t = 2.8$ms，转子扭曲振动　d）定子应力最大值

e）转子应力最大值　f）压电陶瓷最大应力值

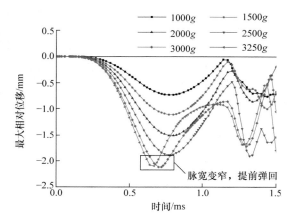

a)

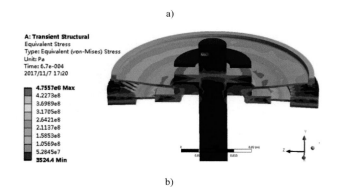

b)

图 9.11   不同幅值下转子的动态响应

a）不同幅值下转子的位移时程曲线   b）定转子中心的碰撞

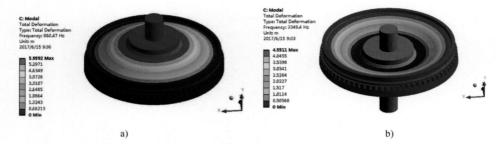

a)   b)

图 9.12   不同脉宽下转子的位移时程曲线及纵向振型

a）一阶振型   b）六阶振型

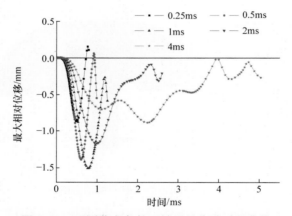

图 9.13   不同脉宽条件下转子的位移时程曲线

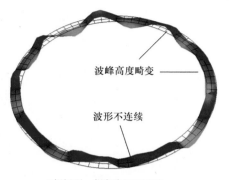
波峰高度畸变

波形不连续

A相振型，频率为39.766kHz

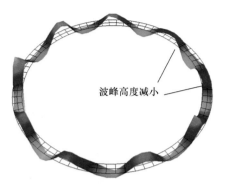
波峰高度减小

B相振型，频率为39.836kHz

图 9.20　1号定子的振动特性

波峰高度减小

A相振型，频率为40.328kHz

波峰高度减小

B相振型，频率为40.328kHz

图 9.21　2号定子的振动特性

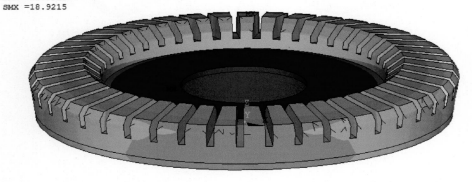

图 10.7   定子在冲击方向上的振型